Astronomische Abhandlungen
Ergänzungshefte zu den Astronomischen Nachrichten
Band 11, Nr. 5

Nr. 5

A. A. WACHMANN

Beobachtungen von Veränderlichen in der Umgebung von KAPTEYN-Feldern der nördlichen Milchstraße

Teil II (Eichfeld 64)

1948

AKADEMIE-VERLAG · BERLIN

ERSCHIENEN IM AKADEMIE-VERLAG GMBH., BERLIN NW 7, SCHIFFBAUERDAMM 19

LIZENZ-NR. 156 · 3246/47

GEDRUCKT IN DER BUCHDRUCKEREI SPAMER, LEIPZIG (M 115)

BESTELL- UND VERLAGS-NUMMER 2015/11/5 · PREIS DM 13.-

Astronomische Abhandlungen
Ergänzungshefte zu den Astronomischen Nachrichten
Band 11, Nr. 5

Beobachtungen von Veränderlichen in der Umgebung von Kapteyn-Feldern der nördlichen Milchstraße

Teil II (Eichfeld 64)

Von A. A. Wachmann, Hamburg-Bergedorf

Mit 5 Abbildungen

(Eingegangen 1943 April 21)

Mit dem kurzbrennweitigen Triplet (300/1500) des Lippert-Astrographen wurden einige erweiterte Kapteynsche Eichfelder der nördlichen Milchstraße systematisch auf Veränderliche untersucht. Hier werden die Ergebnisse aus der Bearbeitung eines 80 Quadratgrad großen Feldes im Cygnus, welches das Eichfeld 64 enthält, mitgeteilt. Die Statistik der 68 untersuchten Veränderlichen ergibt, daß etwa 50% der Klasse der Bedeckungsveränderlichen angehören. Auffällig ist der geringe Prozentsatz (9%) langperiodischer Veränderlicher. Nach Abgrenzung der eigentlichen Cygnuswolke folgt aus den Bedeckungsveränderlichen mit bekanntem Spektrum eine Entfernung von $D \leqq 870$ Parsec unter Annahme einer Absorption von 0^m6. Eine Zusammenstellung aller bisherigen Untersuchungen über die Cygnuswolke läßt vermuten, daß es sich einmal um eine lokale Verdichtung in etwa 750 Parsec, zum anderen um die eigentliche Wolke in etwa 2750 Parsec Entfernung handelt. Als merkwürdiges Ergebnis folgt, daß alle beobachteten δ Cephei-Sterne sich in wesentlich größeren Entfernungen befinden.

1. Vorbemerkung

Die vorliegende Arbeit bildet die Fortsetzung der im Jahre 1929 begonnenen photographischen Beobachtung veränderlicher Sterne in Kapteyn-Feldern und deren weiteren Umgebung in der Milchstraße. In den Astronomischen Abhandlungen der Hamburger Sternwarte Bd. IV, Nr. 5, 1935 [Astron. Nachr. 254.371 (1934)] wurden die Ergebnisse aus den Beobachtungen eines 33.6 Quadratgrad großen Feldes mit dem Eichfeld 41 in der Plattenmitte veröffentlicht. Als Objektiv diente damals das alte Zeiss-Triplet K_1 des Lippert-Astrographen. Im Jahre 1935 erfolgte die Lieferung des neuen Triplets K_2. Nachdem dessen gute Beschaffenheit erwiesen war (vgl. A. A. Wachmann: Spektraldurchmusterung von Milchstraßenfeldern I*, Hamburg-Bergedorf 1939, E 10), wurde noch im Jahre 1935 außerhalb der sonstigen Programmarbeiten mit der Aufnahme nebenstehender weiterer Felder begonnen.

Tabelle 1
Übersicht über die Felder

Feld	1935.0 α	1935.0 δ	Gal. Br.	Feldgr.	Eichfeld
Feld 2 (Cygnus)	$20^h 9^m0$	+31° 20′	−1°	80□°	64
Feld 3 (Cepheus)	21 20.0	+60 0	+6	100	18
Feld 4 (Monoceros)	6 50.0	0 0	+1	100	98

Die Güte des Objektives gestattete die Verwendung eines größeren Plattenformates. Für das Feld 2 wurden hauptsächlich 24 × 24 cm-Platten und für die anderen Felder 24 × 30 cm-Platten benutzt entsprechend einem brauchbaren Feld von 80 bzw. 100 Quadratgrad.

Die Auswahl der Felder erfolgte auf Grund von Anmerkungen über Veränderlichkeit oder Eigenheiten im Spektralcharakter von Sternen, wie sie sich bei der Bearbeitung der Eichfelder der Bergedorfer Spektraldurchmusterung herausgestellt hatten. Die Plattenmitte fällt nicht immer mit der Mitte des betreffenden Eichfeldes zusammen. In dem vorliegenden Teil der Arbeit sollen nun die Ergebnisse aus den Beobachtungen des Feldes 2 im Cygnus mitgeteilt werden. Das beobachtete Feld erstreckt sich in α von $19^h 46^m$ bis $20^h 28^m$ und in δ von +26° 45′ bis +35° 45′ (1855.0). Benutzt wurden ausschließlich Agfa Astro-Platten, die in der hier üblichen Weise 7^m mit Rodinal in der Verdünnung 1:15 bei 18° C entwickelt wurden.

Insgesamt wurden 157 Platten mit durchweg 30^m Belichtungszeit erhalten, die sich über den Zeitraum 1935 Juli bis 1939 Januar verteilen. Einige ältere Aufnahmen dienten gelegentlich der Kontrolle

* In der Folge abgekürzt mit SpDM bezeichnet.

abgeleiteter Elemente. Mit der Belichtungszeit von 30^m ergab sich aus Sternabzählungen unter Benutzung von van Rhijns Tafel der $N_{m\beta\lambda}$ [Publ. Kapteyn Astron. Labor. Groningen Nr. 43 (1929)] und aus dem Vergleich des Zentralgebietes mit den Mt. Wilson-Größen von Seares [Carnegie Institution Publ. 402 (1930)] eine Grenzgröße von $16^m_.5$ im Plattenzentrum.

2. Die Veränderlichen

Das Aufsuchen der Veränderlichen geschah mit der Blinkeinrichtung des großen Stereokomparators. Aus der Gesamtzahl der Platten wurden jeweils solche Plattenpaare herausgesucht, die sich nach Möglichkeit in dem Aussehen der Sternbilder und in der Schwärzung wenig voneinander unterschieden. Etwa 40 derartige Plattenpaare führten zur Auffindung von insgesamt 19 neuen Veränderlichen, darunter einer Nova [Beob. Zirk. Astron. Nachr. **20**.59 (1938); **21**.136 (1939); **22**.10 (1940)]. Zu diesen treten noch 49 ältere, zum großen Teil in Sonneberg aufgefundene Veränderliche hinzu, deren Bearbeitung ebenfalls wünschenswert war. Die Gesamtzahl aller Veränderlichen auf diesem Felde beträgt somit 68.

Tabelle 2

Übersicht über die Veränderlichen

Nr.	Bezeichnung	1855.0 α	1855.0 δ	Art	Phase	Nullepoche 242 0000 +	Periode	Max.	Min.	Sp
1	166.1935 Cyg	$19^h 46^m 59^s$	+34°14′.4	H			29^d?	$10^m_.5$	$11^m_.1$	Ma
2	IW Cyg	47 2	34 55.2	L	Max	8484	341	14.8	15.8	
3	EV Cyg	47 13	29 16.5	L	Max	5146	259.5	12.5	15.3	
4	IX Cyg	47 36	31 48.9	H	Max	8367	104	13.9	15.2	
5	V 449 Cyg	47 50	33 34.5	U				7.6	8.4	Ma
6	AB Vul	47 56	28 34.4	A	Min	5145.435	1.461352	12.54	13.05	A8:
7	EW Cyg	48 11	31 9.3	H				13.3	14.7	
8	EX Cyg	48 42	30 51.4	δ	Max	8339.387	4.85065	13.86	15.13	
9	GG Cyg	48 43	32 18.2	β	Min	5145.539	2.008363	12.02	12.82	A4
10	EY Cyg	48 49	31 59.0	UG					15.5	
11	69.1939 Cyg	48 58	32 37.4	A	Min	8774.389	1.391576	10.92	11.74	A3
12	492.1934 Cyg	49 53	30 31.2	A				14.52	15.37:	
13	IY Cyg	49 56	31 22.8	δ	Max	9102.83	21.8573	13.81	15.30	
14	980.1935 Cyg	50 1	32 22.7	L	Max	8061	478	12.8	16.0	
15	EZ Cyg	52 4	29 52.7	δ	Max	8097.53	11.6595	11.87	13.08	G5v
16	KL Cyg	52 18	32 46.1	L	Max	9278	531	14.1	16	
17	655.1936 Cyg	52 42	27 16.9	δ	Max	8427.19	13.6045	12.80	14.33	
18	GH Cyg	53 17	29 3.7	δ	Max	6138.43	7.81794	10.65	11.85	G3v
19	26.1938 Cyg	53 18	28 1	unv						
20	GI Cyg	53 58	33 20.5	δ	Max	8099.412	5.78204	12.65	13.70	
21	981.1935 Cyg	53 59	24 42.2	U?				13.3	13.9	
22	70.1939 Cyg	55 4	31 26.2	β	Min	8098.415	2.604284	11.83	12.45	B8
23	982.1935 Cyg	55 15	34 50.9	A	Min	8097.376	1.293825	13.46	14.49	
24	71.1939 Cyg	55 42	33 31.7	U				8.9	9.8	Mc
25	983.1935 Cyg	56 45	30 22.1	Bed				[15.6		
26	CD Cyg	58 53	33 41.9	δ	Max	1500.99	17.07055	9.35	10.96	G6v
27	72.1939 Cyg	59 32	34 18.2	A	Min	8098.455	7.70568	14.22	15.2	
28	V 447 Cyg	20 0 28	35 27.6	A	Min	9250.222	2.205587	13.55	15.02:	
29	V 448 Cyg	0 42	34 58.3	β	Min	7959.698	6.51977	8.08	8.56	B3
30	73.1939 Cyg	0 51	32 55.1	RV?			122	11.5	12.5	
31	65.1939 Cyg	1 8	35 19.5	Bed?				8.12	8.38	B6
32	KR Cyg	3 17	30 7.8	β	Min	7245.365	0.8451516	9.49	9.98	A0
33	Prag 5299 Cyg	3 45	34 56.2	unv						
34	74.1939 Cyg	3 49	29 57.7	β	Min	9195.411	0.560513	12.65	13.30	F3:
35	75.1939 Cyg	4 2	29 55.5	U				12.0	13.0	
36	76.1939 Cyg	4 11	30 56.6	β	Min	8097.381	1.140252	13.12	13.66	
37	V 345 Cyg	4 21	30 3.4	A	Min	8635.568	2.075515	11.27	11.77	A1
38	RY Cyg	4 56	35 31.2	U						Nb
39	522.1936 Cyg	5 11	35 9.7	A	Min,	9170.471	3.42590	14.54	15.26	
40	77.1939 Cyg	5 29	35 1.3	β:				13.8	14.6	
41	984.1935 Cyg	5 44	34 59.0	δ	Max	8096.364	7.58017	13.60	14.39	
42	V 430 Cyg	5 58	35 16.7	U?				14.1	14.6	
43	MW Cyg	6 41	32 26.6	δ	Max	6572.57	5.95444	10.40	11.60	G6v
44	78.1939 Cyg	7 45	32 29.3	A	Min	9223.308	1.275068	12.68	13.26	
45	79.1939 Cyg	8 21	33 50.6	β	Min	8775.425	1.794321	13.44	14.13	

Nr.	Bezeichnung	1855.0 α	1855.0 δ	Art	Phase	Nullepoche 242 0000 +	Periode	Max.	Min.	Sp
46	80.1939 Cyg	20h 9m 15s	+34°18′.0	A	Min	8814.390	1d312480	12m80	13m95	
47	VW Cyg	9 37	34 4.4	A	Min	0327.723	8.430274	10.64	13.70	A0
48	SX Cyg	9 45	30 37.9	L	Max	4883	412.0	9.8	[15.2	M7e
49	SVS 467 Cyg	10 25	34 34.3	δ	Max	8419.278	6.72379	12.15	12.67	
50	AU Vul	12 4	27 17.2	RV			302	11.8	13.4	
51	V 371 Cyg	12 28	29 41.6	A	Min	7774.29	45.3505	12.20	13.18	
52	AU Cyg	12 56	33 56.3	L	Max	2790	434.8	10.0	15.3	M6e
53	SVS 470 Cyg	14 9	35 20.0	A	Min	8805.607	1.4749344	12.05	12.51	
54	MY Cyg	14 24	33 29.3	A	Min	6870.5862	2.0026096	8.42	9.07	A2
55	BT Vul	17 1	27 0.8	A	Min	8484.230	1.141256	11.83	12.55	
56	SVS 472 Cyg	18 19	32 40.4	A	Min	8774.409	0.7507753	13.06	13.33	
57	V 404 Cyg	18 23	33 16.1	Nov				12.5:	18.5	
58	81.1939 Cyg	19 4	34 29.0	A	Min	8860.222	0.9242239	11.88	13.37	
59	BE Vul	19 29	26 53.9	A	Min	5742.508	1.55205	9.92	11.40	A2
60	SVS 477 Cyg	20 26	33 38.3	A	Min	8109.286	2.806273	12.65	13.52	
61	V 442 Cyg	21 59	30 18.8	A	Min	8096.271	1.192952	10.01	10.38	F4
62	SVS 308 Cyg	22 24	32 25.8	β				14.03	14.50	
63	V 383 Cyg	23 17	33 39.3	δ	Max	5149.623	4.612211	12.21	13.27	
64	V 388 Cyg	23 21	30 54.6	β	Min	8070.290	0.8590482	9.60	10.34	A3
65	83.1939 Cyg	23 42	32 18.9	β	Min	8099.431	0.6676652	11.68	12.35	
66	AD Cyg	25 49	32 4.6	U?						S
67	AI Cyg	25 57	32 2.0	U				10.0	11.4	M4
68	V 397 Cyg	26 35	34 58.0	U				12.8	13.4	

Abkürzungen: Bed = Bedeckungsveränderlicher. — A = Algol-Veränderlicher. — β = β Lyrae-Veränderlicher. — δ = δ Cephei-Veränderlicher. — H = Halbregelmäßig. — L = Langperiodischer Veränderlicher. — U = Unregelmäßiger Veränderlicher. — UG = U Geminorum-Veränderlicher. — RV = RV Tauri-Veränderlicher. — Nov = Nova. — unv = unveränderl.

Die Tabelle 2 gibt eine nach α geordnete Übersicht über die auf diesem Felde vorhandenen Veränderlichen. Die Erklärung der einzelnen Spalten geht ohne weiteres aus deren Überschriften hervor. Von den Sternen schieden 3 von der Bearbeitung aus, und zwar RY Cyg, 983.1935 Cyg und AD Cyg. 983.1935 Cyg befindet sich in unmittelbarer Nähe des Plattenrandes und ist infolge seiner Lichtschwäche und der durch diesen großen Abstand von der Plattenmitte bedingten starken Distanzkorrektion nicht zu schätzen. Die beiden Sterne RY und AD Cyg mit Nb- bzw. S-Spektrum heben sich infolge der verwaschenen Bildform so sehr von den Vergleichsternen ab, daß eine einigermaßen zuverlässige Schätzung nicht möglich war.

Die Positionen der 19 neuen Veränderlichen wurden mit Hilfe der Meßeinrichtung des Stereokomparators bestimmt, und zwar durch Anschluß an 4 benachbarte AG-Sterne.

3. Die Größenbestimmungen

a) Vergleichsternhelligkeiten

Da das Feld in seinem südwestlichen Teil das Kapteyn-Feld 64 enthält, erfolgte die Bestimmung der Vergleichsternhelligkeiten durch direkten Anschluß an die im System der IPS liegenden Mount Wilson-Größen der Sterne des Eichfeldes. Wegen der Unsicherheit der Distanzkorrektion in größeren Abständen von der Plattenmitte wurde das gesamte Feld in 6 Teilfelder aufgeteilt. Für diese einzelnen Teilfelder erfolgten die Übertragungen des Eichfeldes 64 auf verschiedene Platten, die jeweils demselben Plattenpaket entnommen und in derselben Weise behandelt wurden. Vermieden wurde dadurch der in der SpDM (E 12) erwähnte photographische Feuchtigkeitseffekt.

Da nur verhältnismäßig wenige Sterne heller als 11m0 zum Zeichnen der Schwärzungskurve vorhanden waren, mußte für diese Sterne auf die Polsequenz zurückgegriffen werden. Die Übertragungen mit nur kurzen Belichtungszeiten wurden in der Mehrzahl der Fälle auf dieselbe Platte in der Form Pol-Feld-Pol bzw. Feld-Pol-Feld gemacht. Platten, bei denen das erste und das letzte Bild Unterschiede in der Schwärzung aufwiesen, wurden verworfen und wiederholt. Diese Polübertragungen bildeten zu gleicher Zeit eine wertvolle Kontrolle der Mount Wilson-Größen in dem Bereich 11^m—13^m. Nennenswerte Unterschiede konnten jedoch nicht gefunden werden.

Der Scheitel der Farbkurve des Triplets liegt bei 420 mμ. Es war daher notwendig, an die Standardgrößen der Polfolge und des Eichfeldes eine Farbkorrektion anzubringen. Diese ist seinerzeit ebenfalls eingehend untersucht worden und ergab: Farbgleichung $= -0^m\!.15 \cdot$ F I. Unter Benutzung der in Bergedorf bestimmten Spektren an Stelle der Farbenindices wurden demgemäß die Größen der Standardsterne verbessert.

Ferner wurde der Einfluß des Abstandes von der Plattenmitte, die Distanzkorrektion, berücksichtigt. Auch diese ist eingehend in der erwähnten Abhandlung in Abhängigkeit von der Bildstärke einer Standardsternskala untersucht worden (E 13, Tab. 6). Entsprechend der Formel $D = ar^2$, wo a die für eine gegebene Bildstärke gültige Konstante in Einheiten der Bildstärke und r der Abstand vom Plattenzentrum in Bogenminuten bedeuten, wurde die Distanzkorrektion berücksichtigt.

Die Messungen der Helligkeiten geschahen an dem mit einer Sternskala versehenen HARTMANNschen Mikrophotometer von TÖPFER. Eine mit geometrisch wachsender Belichtungszeit mit demselben Objektiv aufgenommene Sternskala trat an die Stelle des Meßkeiles. Benutzt wurde die gleiche Sternskala wie in der SpDM, so daß ohne weiteres dieselben Konstanten der dort angegebenen Distanzkorrektion gebraucht werden konnten.

Zunächst wurden die Sterne des Eichfeldes 64 bzw. der Polsequenz nach Zehnteln in die neunstufige Sternskala eingeschätzt (1 = heller Stern; 9 = schwacher Stern) und auf Grund der Schätzung und der dazugehörigen Helligkeit unter Berücksichtigung der obenerwähnten Korrektionen die Schwärzungskurve bestimmt. Dann wurden die Vergleichsterne der Veränderlichen gemessen und aus der Schwärzungskurve ihre Größen entnommen. Zur Bestimmung der Helligkeiten lagen in allen Fällen mindestens 3 Übertragungen vor. In Übereinstimmung mit der SpDM ergab sich als mittlerer Fehler einer auf 3 Messungen beruhenden Größe:

$$\varepsilon_1 = \pm 0^m\!.07$$

Dieser mittlere Fehler kennzeichnet die innere Genauigkeit der Größen der Vergleichsterne. Aus den Abweichungen der Sterne des Eichfeldes gegen die gezeichnete Schwärzungskurve ergibt sich als mittlerer Fehler eines Sternanschlusses:

$$\varepsilon_2 = \pm 0^m\!.10$$

mit einer merklichen Zunahme des mittleren Fehlers zu den schwachen Sternen hin.

Die Größen aus den Polübertragungen — die Eichfeld-Übertragungen wurden praktisch in der gleichen Zenitdistanz gemacht — erforderten noch eine Verbesserung wegen Differentialextinktion. Diese wurde den Bergedorfer Hilfstafeln (Tab. 33) entnommen. Da sie für visuelle Beobachtungen gültig ist, wurden die Werte nach DIECKVOSS [Astron. Abh. Hamburger Sternw. 4, Nr. 3, S. 70 (1935)] zur Umwandlung in photographische mit dem Faktor 2 multipliziert.

b) Die Bestimmung der Helligkeit der Veränderlichen

Die Veränderlichen wurden nach der einfachen PICKERINGschen Methode — Einschätzen in Zehnteln einer günstig ausgesuchten Vergleichsternsequenz — mit Hilfe einer sechsfach vergrößernden Lupe eingeschätzt. Alle Sterne wurden in verschiedener Vermischung der Platten zweimal geschätzt. Die Einzelwerte ergaben im allgemeinen eine gute Übereinstimmung der Helligkeiten. Im Falle größerer Abweichungen, was gelegentlich bei Veränderlichen, deren Helligkeit in der Nähe der Plattengrenzhelligkeit lag, auftrat, wurde ein drittes Mal geschätzt. Die Einzelschätzungen wurden dann zu einem Mittelwert vereinigt, für den aus der entsprechenden Schwärzungskurve die Helligkeit entnommen wurde.

Da die Beobachtungen nur ein Nebenprogramm bildeten, lagen in den weitaus meisten Fällen nur 1 oder 2 Beobachtungen während einer Beobachtungsnacht vor und nur in wenigen Nächten eine sich über mehrere Stunden erstreckende Reihe von Aufnahmen. Dieser Umstand erschwerte naturgemäß die Bearbeitung der Sterne mit kurzen Perioden. So war es in 4 Fällen, wahrscheinlich infolge der Kommensurabilität der Periode mit 1^d, nicht möglich, eine Periode abzuleiten. Die Zugehörigkeit zu einer der Klassen der Veränderlichen dürfte aber auch für diese Sterne gesichert sein. Zu ihrer endgültigen Bearbeitung sind noch zusätzliche Reihenaufnahmen geplant.

An dieser Stelle möchte ich Herrn Prof. C. HOFFMEISTER meinen Dank dafür aussprechen, daß er es mir während eines mehrtägigen Aufenthaltes in Sonneberg ermöglichte, für 4 Sterne dieses Feldes die dort vorhandenen Platten durchzusehen.

4. Die Ergebnisse

a) Statistik der Veränderlichen

Faßt man die Veränderlichen nach der Art des Lichtwechsels zusammen, so ergibt sich die in der Tab. 3 aufgeführte Verteilung auf die einzelnen Unterklassen. Dabei sind die unregelmäßigen und die halbregelmäßigen Veränderlichen in einer Gruppe vereinigt.

Tabelle 3
Die Verteilung der Veränderlichen auf die Klassen

Art	Anzahl	%
Bedeckungsveränderliche	33	50
δ Cephei-Veränderliche	11	17
Unregelmäßige Veränderliche	12	18
Langperiodische Veränderliche	6	9
RV Tauri-Veränderliche	2	3
U Geminorum-Veränderliche	1	1
Novae	1	1

Für dieses Feld ($L = 38°$, $B = -1°$) lassen sich folgende wesentliche Züge herausstellen. Die weitaus größte Zahl der Veränderlichen (50%) gehört der Klasse der Bedeckungsveränderlichen an. Besonders auffällig ist der geringe Prozentsatz der langperiodischen Sterne. Nur insgesamt 6 Sterne dieser Klasse, entsprechend einem Prozentsatz von 9%, treten auf. Bis zur erreichten Grenzgröße dürften aber wohl alle Mirasterne erfaßt sein, da die Entdeckungswahrscheinlichkeit für diese Sterngruppe relativ groß ist.

In der Tab. 4 ist nun eine Gegenüberstellung mit den Ergebnissen ähnlicher Untersuchungen erfolgt unter Beschränkung auf solche Felder, die in galaktischer Länge benachbart sind. Leider lassen sich nicht die umfangreichen Untersuchungen von Hoffmeister und seinen Mitarbeitern über die Veränderlichen in der nördlichen Milchstraße [Kl. Veröff. Univ.-Sternw. Berlin-Babelsberg Nr. 19 (1938) u. Nr. 24 (1941)] zum Vergleich heranziehen, da die angegebenen relativen Häufigkeiten noch nicht definitiv sind und vor allen Dingen in Teil I der Untersuchungen eine nicht unerhebliche Änderung der relativen Häufigkeiten durch eine noch ausstehende Klassifizierung der von den Sonneberger Beobachtern als „kurzperiodisch" veränderlich angezeigten Sterne zu erwarten ist.

Tabelle 4
Prozentuale Verteilung in 5 Milchstraßenfeldern

Autor Feld Gal. Koordin.	Baade Sagitta 25° −5°	Baade Cygnus 42° +4°	Wachmann Cygnus 2 38° −1°	Wachmann Cygnus 1 62° −8°	Hoffmeister Lacerta 75° −8°
Bed.-Veränd.	48%	51%	50%	39%	30%
Langperiod.	20	18	9	48	28
δ Cephei	7	15	17	6	4
Unregelm.	10	10	18	3	12
Sonstige	2	4	5	3	14
Unbestimmt	13	4	0	0	10

Herangezogen zum Vergleich wurden zwei von Baade [Astron. Nachr. **232**.66 (1927)] am 1 m-Spiegel in Bergedorf untersuchte Felder der Cygnus- bzw. Sagittagegend, ein Feld von Hoffmeister in Lacerta [Astron. Nachr. **232**.152 (1928)] sowie das von mir bearbeitete Feld 1 im Cygnus (l. c.).

Es zeigt sich deutlich eine Aufspaltung der 5 Felder in 2 Gruppen verschiedener galaktischer Länge. In der Gruppe 1 mit einer mittleren Länge von 40° überwiegen die Bedeckungsveränderlichen bei weitem. Die Hälfte aller Veränderlichen gehört dieser Klasse an. Langperiodische, Unregelmäßige und δ Cephei-Sterne sind etwa in dem gleichen Mischungsverhältnis vertreten, wobei allerdings die Zahl der Langperiodischen in meinem Feld unter dem Durchschnitt liegt. In der Gruppe 2 mit einer mittleren Länge von 70° ist die Übereinstimmung der beiden Felder weniger gut. Der prozentuale Anteil der Bedeckungsveränderlichen geht stark zugunsten der Langperiodischen zurück. Diese machen hier in meinem Feld im Gegensatz zur Gruppe 1 etwa die Hälfte aller Veränderlichen aus. Auch die Zahl der δ Cephei-Sterne ist merklich zurückgegangen.

Sieht man von den Langperiodischen Veränderlichen ab, so ist die Übereinstimmung der Häufigkeitszahlen in den beiden Cygnusfeldern von Baade und mir gut und läßt vielleicht die Deutung zu, daß es sich in beiden Fällen um eine typische Eigenschaft der sogenannten Cygnuswolke handelt. In einer Arbeit im Astrophys. J. **79**.475 (1934) hat Baade nun den Versuch unternommen, unter Benutzung der Langperiodischen und der Bedeckungsveränderlichen, die, wie wir gesehen haben, am häufigsten auftreten, die Entfernung dieser Cygnuswolke abzuleiten. Die absoluten Helligkeiten der Langperiodischen entnimmt er dabei der Periode-Leuchtkraft-Beziehung, die von Merrill, Strömberg und anderen aufgestellt wurde, wonach mit zunehmender Periode die absolute Helligkeit abnimmt.

Nachdem Gaposchkin [Veröff. Univ.-Sternw. Berlin-Babelsberg 9, Heft 5 (1932)] gezeigt hatte, daß mit ganz wenigen Ausnahmen, ausgezeichnet durch abnorm große Perioden, die hellen Komponenten der Bedeckungsveränderlichen dem Zwergast des Russell-Diagramms angehören, konnte er die absolute Helligkeit dieser Klasse bei Kenntnis des Spektraltyps dem Diagramm entnehmen, wobei allerdings die Helligkeiten noch vom Einfluß der schwächeren Komponente zu befreien waren. Eine diesbezügliche Tabelle ist von Baade

Tabelle 5
Entfernungsbestimmung
1. Bedeckungsveränderliche

Veränd.	m_{max}	Sp	$m-M$
AB Vul	12^m54	A8:	10^m4:
GG Cyg	12.02	A4	10.8
69.1939 Cyg	10.92	A3	10.1
70.1939 Cyg	11.83	B8	(12.5)
66.1939 Cyg	8.08	B3	10.9
65.1939 Cyg	8.12	B6	9.6
74.1939 Cyg	12.65	F3:	9.6:

Mittel $m - M = 10.3$

2. Langperiodische Veränderliche

Veränd.	m_{max}	$m-M$
EV Cyg	12^m5	(12^m5)
980.1935 Cyg	12.8	9.8
KL Cyg	14.1	10.3

Mittel $m-M = 10.1$:

3. δ Cephei-Veränderliche

Veränd.	$\overline{m}$	$\overline{m}-M$	Δ_{mod}
EY Cyg	14^m48	16.1	+5.8
IY Cyg	14.56	17.3	7.0
EZ Cyg	12.47	14.6	4.3
655.1935 Cyg	13.55	15.8	5.5
GH Cyg	11.25	13.1	2.8
GJ Cyg	13.17	15.0	4.7
CD Cyg	10.16	12.6	2.3
984.1935 Cyg	14.00	15.9	+5.6

angegeben. Aus 13 Bedeckungsveränderlichen und 8 Langperiodischen findet BAADE unter Berücksichtigung einer aus 80 Sternen frühen Typs abgeleiteten photographischen Totalabsorption von 0^m6 eine obere Grenze für die Entfernung der Wolke $D \leqq 2630$ Parsec ($m - M = 12^m7$). 4 auf dem gleichen Feld vorhandene δ Cephei-Sterne geben im Gegensatz dazu einen um mehrere Größenklassen größeren Distanzmodul. Da ihre Spektren nach einer unveröffentlichten Angabe von JOY starke selektive Absorption aufweisen, nimmt BAADE an, daß sie jenseits der eigentlichen Wolke liegen.

In ganz entsprechender Weise wurde diese Untersuchung für das vorliegende Cygnusfeld ausgeführt. Um bezüglich der Zugehörigkeit zur Cygnuswolke ganz sicher zu gehen, wurden auf Grund langbelichteter Aufnahmen und deren Vergleich mit dem Milchstraßenatlas von Ross und CALVERT die Grenzen der Cygnuswolke abgesteckt und die Untersuchung auf die innerhalb dieser Grenzen gelegenen Veränderlichen beschränkt.

Leider waren nur für 7 von insgesamt 14 Bedeckungsveränderlichen Spektren zu erlangen. Diese gruppieren sich mit der gleichen Streuung wie bei BAADE um den um 2^m4 niedrigeren Distanzmodul $m - M = 10^m3$. Die einzige Ausnahme bildet 70.1939 Cyg mit $m - M = 12^m5$. Nehmen wir den gleichen Betrag der photographisch wirksamen Absorption (0^m6) an, so erhalten wir in diesem Falle eine obere Grenze für die Entfernung $D \leqq 870$ Parsec. Die Langperiodischen sind an Zahl zu gering vertreten, um einen Beitrag zu liefern; 2 von insgesamt 3 Veränderlichen deuten allerdings auf den gleichen Entfernungsmodul hin. Als äußerst merkwürdiges Ergebnis folgt hier wie bei BAADE, daß alle δ Cephei-Sterne sich in wesentlich größeren Entfernungen befinden. Im Mittel folgt aus 8 δ Cephei-Sternen eine Differenz der Distanzmoduln von $+4^m0$. GH und CD Cygni gehören

Tabelle 6
Untersuchungen über die Cygnus-Wolke

Beob.	Jahr	Art der Bestimmung	Lokale Verdichtung	Cygnus-Wolke
PANNEKOEK	1922[1]	Sternabzählungen $6^m5 - 9^m5$ sowie Abzählungen im SA 64 ($11^m - 15^m$)	500—600 Parsec	(18000) Parsec
KOPFF	1922[2]	Hypoth. Annahme über Farben der Sterne [14^m	—	2000—4000
STRUVE	1927[3]	Spektren O—B3 des HDC, HDE (11^m5)	780	3000
MAXWELL	1927[4]	Spektren des HDC, HDE sowie 557 Sterne in den SA 8, 9, 18, 19, 40, 64 ($10^m - 14^m$)	keine	keine
			monot. Abfall der Dichtekurven aller Spektralklassen bis 4000 Parsec	
SCHALÉN	1928[5] 1932[6]	Spektren B–A und Leuchtkraftklassen τ, τ- usw.	τ 1000 τ- stetiger	Abfall
BAADE	1934[7]	Bedeckungsveränderliche und Langperiodische		$\leqq 2630$
MILLER	1937[8] 1939[9]	Sternabzählungen bis 18^m0	400—600: dann monot. Abfall	
WACHMANN	1943	Bedeckungsveränderliche	$\leqq 870$	

[1] A. PANNEKOEK: The distance of the galaxy in Cygnus. Bull. Astron. Inst. Netherlands **1** Nr. 11, 54 (1922).
[2] A. KOPFF: Über Häufigkeitsfunktion und Entfernung bei den hellen Milchstraßenwolken. Astron. Nachr. **216**.325 (1922).
[3] O. STRUVE: Über die Verteilung der heißeren Heliumsterne in Beziehung auf die Struktur der Milchstraße. Astron. Nachr. **231**.17 (1927).
[4] A. D. MAXWELL: The space distribution of the stars of different classes as determined from studies in the Cygnus Region of the Milky Way. Lick Observ. Bull. **13** Nr. 390, 68 (1927).
[5] C. SCHALÉN: The space distribution of B and A type stars in bright and dark galactic regions. Medd. från Astron. Obs. Upsala **37** (1928).
[6] C. SCHALÉN: The distribution of stars in galactic regions in relation to the dark nebulae. Medd. från Astron. Obs. Upsala **55** (1932).
[7] W. BAADE: The Distance of The Cygnus Cloud. Astrophys. J. **79**.475 (1934).
[8] F. D. MILLER: Investigations of Galactic Structure II. The Milky Way from Aquila to Cygnus. Harvard Coll. Obs. Ann. **105**.297 (1937).
[9] F. D. MILLER: Eighteenth Magnitude Star-Counts and the Galactic Structure in Cygnus. Perkins Obs. Contrib. Nr. 13 (1939).

der entfernteren BAADEschen Wolke an, die übrigen 6 Sterne haben im Mittel auch gegenüber dieser Wolke in Übereinstimmung mit BAADE einen um $3^{m}.1$ größeren Distanzmodul.

Infolge ihrer außerordentlich günstigen Lage am Nordhimmel ist die auffällige Sternanhäufung zwischen β und γ Cygni Gegenstand zahlreicher Untersuchungen geworden. In der Tabelle 6 sind nun einmal in übersichtlicher Form die Ergebnisse zusammengestellt.

Obwohl die Resultate mehr oder minder stark voneinander abweichen, hat es doch den Anschein, daß es sich um 2 getrennte Sternverdichtungen handelt, deren Entfernungen zu 750 bzw. 2750 Parsec anzusetzen wären.

Nach einer neueren Untersuchung von OORT und OOSTERHOFF [Bull. Astron. Inst. Netherlands 9, Nr. 353, 315 (1942)] dürfte die von BAADE aus den Farbexzessen von 80 B-Sternen der Cygnuswolke abgeleitete Absorption zu klein ausgefallen sein, so daß sich die angegebenen Entfernungen noch reduzieren. OORT und OOSTERHOFF benutzen die von JOY im Astrophys. J. 86.363 (1937) publizierten Radialgeschwindigkeiten (RG) von 3 der auf dem Cygnusfeld von BAADE gefundenen δ Cephei-Sterne GL, V 343 und QY Cygni. Nach Abzug der Sonnenbewegung ergeben sich -41, -75 und -80 km/sec. Diese Werte weichen beträchtlich von dem von JOY [Astroph. J. 89.356 (1939)] für diese galaktische Länge (42°) auf Grund von 135 δ Cephei-Sternen innerhalb 3 Kiloparsec Entfernung von der Sonne gefundenen mittleren Wert ($\sim +8$ km/sec) ab. Nach der Theorie der Rotation des Milchstraßensystems sind solche Beträge nur zu erwarten, wenn diese Sterne sich in abnorm großen Entfernungen befinden, wie es ja auch tatsächlich der Fall ist. Mit den in Monthly Not. 99.374 (1939) gegebenen Rotationskonstanten ergibt sich die beste Darstellung der beobachteten RG mit einer photographischen Totalabsorption von $1^{m}.8$ (gerechnet wurde die Darstellung mit $1^{m}.0$ bzw. $2^{m}.0$).

Tabelle 7
Nach der Theorie der Rotation des Milchstraßensystems zu erwartende RG der δ Cephei-Sterne

Stern	L	B	$\overline{m}_{pg}$	M	r_1	r_2	$\tilde{\omega}_1$	$\tilde{\omega}_2$	Θ_1	Θ_2	RG_B	RG_{R_1}	RG_{R_2}
			m	M	Kps	Kps	Kps	Kps	km/sec	km/sec	km/sec	km/sec	km/sec
GL Cyg	43°	+3°	14.6	−1.1	8.7	5.5	10.5	8.7	238	246	−41	− 67	− 23
V 343 Cyg	43	+3	14.8	−2.0	14.5	9.1	15.0	10.8	215	236	−75	−132	− 73
QY Cyg	41	+3	15.4	−1.2	13.2	8.3	13.7	10.1	222	240	−80	−117	− 58
V 336 Cyg	42	+4	15.8	−2.3	26.3	16.6	25.8	16.8	161	206		−195	−148
EZ Cyg	35	−1	12.5	−2.1	5.3	3.3	7.9	7.5	250	252		+ 3	+ 18
GI Cyg	38	+1	13.2	−1.8	6.3	4.0	8.6	7.8	247	251		− 19	+ 8
655.1935 Cyg	32	−2	13.6	−2.2	9.1	5.8	9.5	7.8	243	251		− 41	+ 7
984.1935 Cyg	41	0	14.0	−1.9	9.6	6.0	10.9	8.8	236	246		− 75	− 24
EX Cyg	35	+1	14.5	−1.6	10.5	6.9	10.8	8.6	236	247		− 70	− 19
IY Cyg	36	+1	14.6	−2.7	16.6	11.5	15.8	11.5	211	233		−135	− 83

Unter Ausschluß von CD und GH Cygni, die der lokalen Gruppe der δ Cephei-Sterne in der Nachbarschaft der Sonne innerhalb 3 Kiloparsec angehören, wären für die von mir beobachteten 6 entfernten δ Cephei-Sterne die im zweiten Teil der Tabelle 7 gegebenen RG zu erwarten. (Es bedeuten: r_1, r_2 die Entfernung von der Sonne, $\tilde{\omega}_1$, $\tilde{\omega}_2$ die Entfernung vom gal. Zentrum, Θ_1, Θ_2 die Kreisbahngeschwindigkeiten auf Grund der Rotationstheorie. Die Indizes beziehen sich auf die Annahme von 1^{m} bzw. 2^{m} Absorption.) Die Bestätigung der letzten 3 nach der Theorie zu erwartenden RG würde eine wertvolle Stütze des Absorptionsbetrages $1^{m}.8$ in Richtung der Cygnuswolke bilden.

OORT und OOSTERHOFF weisen bereits darauf hin, daß dieser geringe Betrag der Totalabsorption im Widerspruch zu der Tatsache des gänzlichen Fehlens extragalaktischer Nebel in Richtung der Cygnuswolke steht.

Im nachfolgenden Teil werden zunächst die mittleren Lichtkurven der Bedeckungsveränderlichen (Abb. 1) und δ Cephei-Sterne (Abb. 2), sodann die Ergebnisse aus den Beobachtungen für die einzelnen Veränderlichen mitgeteilt. Von einer Veröffentlichung der Einzelbeobachtungen wurde abgesehen. Die angegebenen Zeiten beziehen sich auf heliozentrische mittlere astronomische Zeit Greenwich und sind, soweit nicht ausdrücklich anders angegeben, in Julianischen Daten aufgeführt.

b) Die einzelnen Veränderlichen

1. 166.1935 Cyg $19^{h}\,46^{m}\,59^{s} + 34°\,14'.4$ (1855.0)
$= BD + 34°\,3766$ Sp. Ma:

166.1935 Cyg wurde von MORGENROTH als langsam veränderlich, wahrscheinlich unregelmäßig in dem Helligkeitsbereich 10^{m} bis $10^{m}.5$

Tabelle 8
Vergleichsterne

Bez.	$\Delta\alpha\cos\delta$	$\Delta\delta$	m_{pg}	Sp.
a	+8'.5	− 9'.8	$10^{m}.13$	G3
b	+5.8	+12.0	10.76	G0
c	+3.2	− 5.9	10.95	G3
d	−9.6	+ 5.8	11.21	—

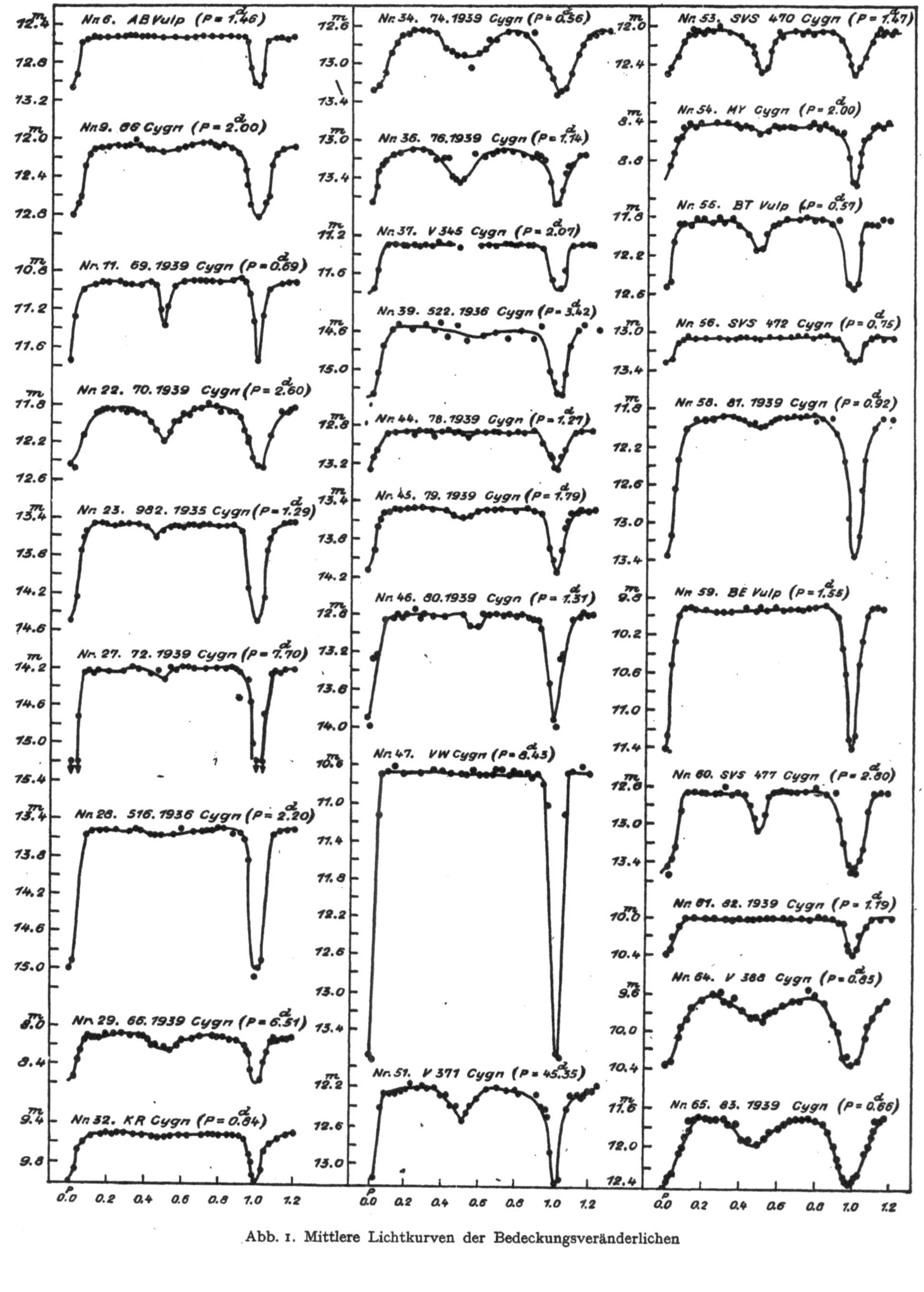

Abb. 1. Mittlere Lichtkurven der Bedeckungsveränderlichen

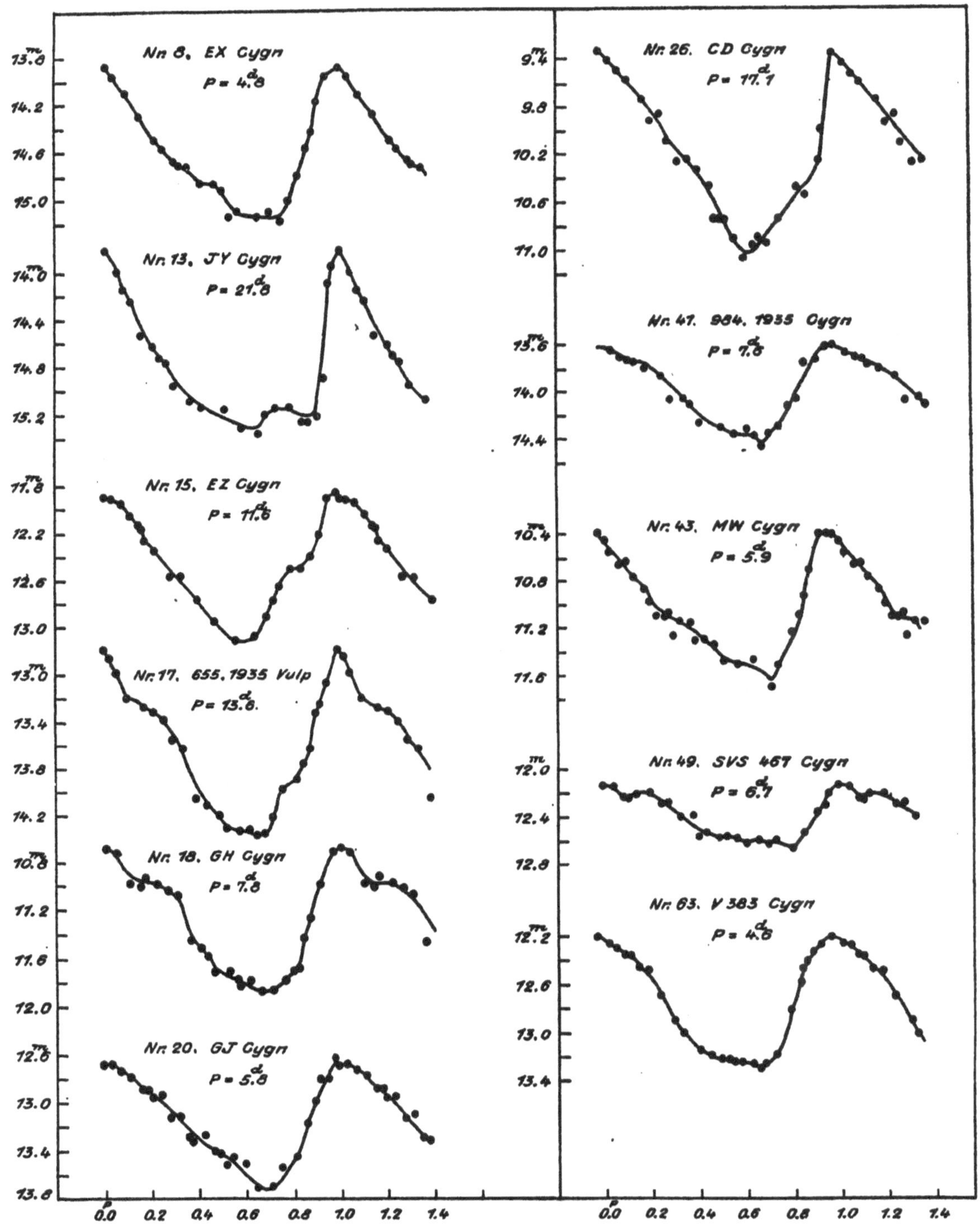

Abb. 2. Mittlere Lichtkurven der δ Cephei-Veränderlichen

in Astron. Nachr. 255.425 (1935) angezeigt. Weitere Beobachtungen dieses roten, nach einer Spektralaufnahme am LIPPERT-Astrographen dem Typus Ma angehörigen Sternes sind nicht bekannt geworden.

Die eindeutige Zuordnung dieses Sternes in eine der bestehenden Klassen der Veränderlichen auf Grund der vorliegenden Beobachtungsreihe stößt auf große Schwierigkeiten. Wahrscheinlich handelt es sich um einen halbregelmäßigen Veränderlichen mit einer Periode von annähernd 29 Tagen. Nicht ausgeschlossen ist auch ein Lichtwechsel nach RV Tauri-Art. Außerdem scheint ein langsamer Lichtwechsel überlagert zu sein. Die

Extremwerte der Helligkeit betragen $10^{m}5$ und $11^{m}1$. Weitere Beobachtungen zur Festlegung der Art des Lichtwechsels sind dringend erwünscht; da er genügend hell ist, empfiehlt sich der Stern für eine möglichst lückenlose visuelle Beobachtungsreihe.

Tabelle 9
Vergleichsterne

Bez.	$\Delta\alpha\cos\delta$	$\Delta\delta$	m_{pg}
a	+1'.6	−1'.1	$14^{m}27$
b	+1.0	−1.0	15.06
c	−2.8	+0.7	15.22
d	−1.9	−0.7	15.44
e	+0.5	−2.0	15.76

Tabelle 10
Beobachtete Maxima

Max.	*E*	B−R
242 8484	0	0^{d}
8813:	+1	−12
9166	+2	0

Tabelle 11
Vergleichsterne

Bez.	$\Delta\alpha\cos\delta$	$\Delta\delta$	m_{pg}
a	+9'.5	0'.0	$12^{m}35$
b	+5.3	+1.6	12.72
c	+3.7	+1.9	13.02
d	+0.2	+1.6	13.55
e	−2.5	+2.5	13.91
f	+1.6	−1.6	14.18
g	+2.8	−3.1	14.30
h	+2.2	−0.9	14.98
i	+2.4	−1.5	15.28

2. **IW Cyg** $19^{h}\,47^{m}\,2^{s}$ $+34°\,55'.2$ (1855.0) Sp. —

IW Cyg wurde von C. Hoffmeister auf Sonneberger Platten aufgefunden und in Astron. Nachr. **236**.241 (1929) als Mira-Stern mit unbekannter Periode angezeigt. Lichtwechsel 13^{m} bis [15^{m}.

Auf meinen Platten steht der Veränderliche nahe dem Plattenrand und ist durch die dadurch bedingte Deformation der Bilder und seine Lichtschwäche schwer zu schätzen. Entgegen der Hoffmeisterschen Angabe erreicht er in der maximalen Helligkeit nur etwa $14^{m}8$. Maxima lassen sich mit erheblicher Unsicherheit zu nebenstehenden Zeiten (Tab. 10) erkennen.

Daraus leiten sich die folgenden Elemente ab, die allerdings noch der Bestätigung bedürfen:

$$\text{Max.} = 242\,8484 + 341^{d} \cdot E$$

Lichtwechsel: $14^{m}8$ bis [$15^{m}8$.

3. **EV Cyg** $19^{h}\,47^{m}\,13^{s}$ $+29°\,16'.5$ Sp. —

Sowohl die von C. Hoffmeister in der Entdeckungsanzeige Astron. Nachr. **233**.33 (1928) angegebene Position als auch die mitgeteilte Umgebungskarte geben einen nicht veränderlichen Stern. Der Veränderliche steht in α um -13^{s} und in δ um $+0'.6$ anders. Erste Elemente stammen von Hoppe und lauten:

$$\text{Max.} = 242\,5405 + 250^{d} \cdot E \qquad \text{Amplitude: } 12^{m}0 \text{ bis } 14^{m}2.$$

Ahnert gibt in Kl. Veröff. Univ. Sternw. Berlin-Babelsberg Nr. 24 (1941) auf Grund von 8 Maxima und 4 Minima folgende Elemente:

$$\text{Max.} = 242\,5150 + 259^{d}5 \cdot E \qquad \text{Amplitude: } 11^{m}5 \text{ bis } 16^{m}0.$$

Insgesamt liegen nunmehr die folgenden 10 Maxima vor:

Tabelle 12
Beobachtete Maxima

Max.	m_{max}	*E*	Beob.	B−R	Max.	m_{max}	*E*	Beob.	B−R
242 5148	—	0	Ahnert	$+2^{d}0$	242 8007	$13^{m}3$:	+11	Ahnert, Wachmann	$+6^{d}5$
5411	—	+ 1	„	+5.5	8255	12.6	+12	„ „	−5.0
5669	—	+ 2	„	+4.0	8512	13.0	+13	Wachmann	−7.5
6178	$12^{m}9$	+ 4	Wachmann	−6.0	8777	12.7	+14	„	−2.0
7745	—	+10	Ahnert	+4.0	9035	12.5	+15	Ahnert, Wachmann	−3.5

Damit ergeben sich die wenig geänderten neuen Elemente:

$$\text{Max.} = 242\,5146 + 259^{d}5 \cdot E \qquad \text{Amplitude: } 12^{m}5 \text{ bis } 15^{m}3.$$

Tabelle 13
Vergleichsterne

Bez.	$\Delta\alpha\cos\delta$	$\Delta\delta$	m_{pg}	m_{pg} (Hoppe)	Δm (Wa − Ho)
a	+1'.3	+0'.9	$13^{m}81$	—	—
b	+2.2	+3.6	14.08	—	—
c	+0.5	+1.4	14.32	$14^{m}38$	$-0^{m}06$
d	−0.8	+3.8	14.80	—	—
e	+1.0	+2.2	14.99	—	—
f	−0.7	+0.8	15.37	15.42	−0,05

4. **IX Cyg** $19^{h}47^{m}36^{s}$ $+31°48'.9$ (1855.0) Sp. —

IX Cyg wurde 1929 von C. Hoffmeister aufgefunden und in Astron. Nachr. **236**.241 (1929) als langsam veränderlich in den Grenzen 13^{m} und 14^{m} angezeigt. Hoppe teilt in Mitt. Sternw. Sonneberg Nr. 25 (1933) die Helligkeiten zweier Vergleichsterne mit, in guter Übereinstimmung mit den von mir abgeleiteten

Helligkeiten. Nach AHNERT [Beob. Zirk. Astron. Nachr. **21**.137 (1939)] handelt es sich um einen halbregelmäßigen Veränderlichen mit einer Periode von ungefähr 169 Tagen und den Lichtwechselgrenzen $15\overset{m}{.}0$ und $16\overset{m}{.}1$. Die definitive Bearbeitung dieses Sternes von AHNERT in Kl. Veröff. Univ. Sternw. Berlin-Babelsberg Nr. 24 (1941) gibt für den Zeitraum 2425120–5821 die Elemente: Max. $= 2425173 + 172^d \cdot E$; $M - m = 77^d$. Die späteren Beobachtungen deuten jedoch auf eine kleinere Periode von 102^d hin in Übereinstimmung mit den Beobachtungen von ROSINO in Mem. Soc. Astron. Italiana **14**.213 (1941) und den von mir angestellten.

Abgesehen von dem Intervall 2428007–8542, in dem ROSINO nicht beobachtet hat, sind die Intervalle 2428635—8876 und 9017—9260 gleichzeitig von ROSINO und mir beobachtet worden. Die beiden Lichtkurven laufen in ihrem Hauptteil parallel zueinander, allerdings liegt die Kurve von ROSINO systematisch um etwa $0\overset{m}{.}7$ zu hoch. Dieses ist um so merkwürdiger, als ROSINO mit Ausnahme eines hinzugenommenen helleren Vergleichsternes dieselben Sterne benutzt wie AHNERT, deren Helligkeiten sich in guter Übereinstimmung mit den von mir abgeleiteten befinden. Völlig abweichend sind jedoch die von ROSINO bestimmten maximalen Helligkeiten; wahrscheinlich ist die Helligkeit des von ihm benutzten hellen Sternes fehlerhaft. Die systematische Differenz in den Helligkeiten der beiden Lichtkurven ist vielleicht darauf zurückzuführen, daß ROSINO orthochromatische Platten benutzt hat, was allerdings aus der Veröffentlichung nicht zu ersehen ist.

Außer den von AHNERT mitgeteilten Zeiten maximalen und minimalen Lichtes für den Zeitraum 2425120—5821, die sich gut mit einer Periode von 172^d darstellen lassen, liegen die folgenden von ROSINO und mir bestimmten Maxima und Minima vor:

Tabelle 14

Beobachtete Maxima und Minima

Max.	Form	m_{pg}	Beob.	B – R	Min.	Form	m_{pg}	Beob.	B – R
242 8097	breit	$14\overset{m}{.}1$	Wa	$+32^d$	242 8429	breit	$15\overset{m}{.}2$	Wa	$+8^d$
8367	spitz	13.9	Wa	0	8635:	,,	15.0	Wa	+6
8482	flach	14.0	Wa	+11	9041	spitz	15.2	Wa	−4
8682	spitz	12.6	Ro	+3	9160	,,	15.0	Wa, Ro	+11
9093	,,	12.3	Ro	−2					
9195:	breit	14.2	Wa, Ro	−4					

Daraus folgen für diesen Zeitraum die Elemente:

$$\text{Max.} = 2428367 + 104^d \cdot E \qquad M - m = 50^d.$$

Das erste Maximum 2428097 wird allerdings nicht sehr gut dargestellt.

Die Zugehörigkeit zur Klasse der Halbregelmäßigen dürfte ziemlich gesichert sein.

Tabelle 15

Extremwerte der Helligkeiten

Beob.	Max.	Min.
AHNERT	$15\overset{m}{.}0$	$16\overset{m}{.}1$
WACHMANN	13.9	15.2
ROSINO	12.3	14.7

5. **V 449 Cyg** $19^h\,47^m\,50^s$ $+33°\,34'.5$ (1855.0) Sp. Ma

68.1939 Cyg wurde hier aufgefunden und im Beob. Zirk. Astron. Nachr. **22**.10 (1940) als unregelmäßiger Veränderlicher angezeigt. Die Gesamtbearbeitung bestätigt den unregelmäßigen Charakter der Lichtkurve. Im allgemeinen verläuft der Lichtwechsel ziemlich langsam, es tritt aber auch der Fall ein (2428780 und 8840), daß die Maxima in nur 60 Tagen Abstand aufeinander folgen. Die Schwankungen der Helligkeit betragen in den extremen Fällen $0\overset{m}{.}8$, und zwar in den Grenzen $7\overset{m}{.}6$ bis $8\overset{m}{.}4$.

Tabelle 16

Vergleichsterne

Bez.	BD	m_{pg}	Sp.
a	+33°3656	$7\overset{m}{.}34$	B8
b	33.3655	7.87	Fo
c	33.3644	8.42	A5
d	33.3651	8.82	

6. **AB Vul** $19^h 47^m 56^s$ $+28°34'.4$ (1855.0) Sp. A8:

Der Stern wurde 1928 von C. HOFFMEISTER in Sonneberg entdeckt. Die ersten Elemente dieses Bedeckungsveränderlichen vom Algoltyp stammen von AHNERT [Beob. Zirk.

Tabelle 17

Vergleichsterne

Bez.	$\Delta\alpha\cos\delta$	$\Delta\delta$	m_{pg}	m_{pg} (HOPPE)	Δm_{pg} (Wa-Ho)	Sp.
a	$-4'.6$	$+1'.3$	$11\overset{m}{.}84$	—	—	A5
b	−1.8	−5.2	12.42	—	—	A3
c	−0.2	+3.4	12.57	$12\overset{m}{.}34$	$+0\overset{m}{.}23$	Fo
d	−4.9	−7.4	13.04	—	—	Fo::
e	+0.8	+0.2	13.24	13.28	−0.04	A-F

Astron. Nachr. **21**.138 (1939) und Kl. Veröff. Univ. Sternw. Berlin-Babelsberg Nr. 24 (1941)]. Aus 6 beobachteten Minima findet er:

$$\text{Min.} = 2425145.457 + 1^{\mathrm{d}}.461468 \cdot E \qquad \text{Amplitude: } 13^{\mathrm{m}}.1 \text{ bis } 13^{\mathrm{m}}.5.$$

Tabelle 18

Normalminima

Normalmin.	Epoche	Gew.	Beob.	B – R
242 3612ᵈ368	–1049	1	WACHMANN	–0ᵈ108
5145.457	0	6	AHNERT	+0.022
8122.235	+2037	2	WACHMANN	+0.026
8420.320	+2241	4	„	–0.005
8860.215	+2542	2	„	+0.023
9193.327	+2770	2	„	–0.053

Allerdings erscheinen ihm die Elemente noch unsicher, da einige bei der kleinen Amplitude zweifelhafte Beobachtungen den Elementen zu widersprechen scheinen.

Die vorliegenden Beobachtungen bestätigen den Bedeckungslichtwechsel und die angegebenen Elemente. Tab. 18 gibt eine Zusammenfassung aller beobachteten Minima in Normalminima. Als Gewicht ist die Anzahl der in dem Normalminimum zusammengefaßten Einzelminima genommen worden.

Damit ergeben sich die neuen Elemente:

$$\text{Min.} = \underset{\pm 26}{2425145.435} + \underset{\pm 14}{1^{\mathrm{d}}.461352} \cdot E$$

mit der unter B – R in der Tab. 18 aufgeführten Darstellung.

Mit diesen Elementen wurden alle Beobachtungen auf einen Umlauf reduziert und zu der mittleren Lichtkurve in Tab. 19 vereinigt.

Tabelle 19

Mittlere Lichtkurve

Phase	m_{pg}	n	Phase	m_{pg}	n	Phase	m_{pg}	n	Phase	m_{pg}	n
0ᴾ006	13ᵐ05	3	0ᴾ243	12ᵐ53	6	0ᴾ482	12ᵐ55	5	0ᴾ853	12ᵐ53	6
0.025	12.93	4	0.283	12.55	6	0.553	12.55	4	0.886	12.54	4
0.051	12.58	4	0.307	12.54	6	0.615	12.54	6	0.925	12.54	4
0.081	12.57	4	0.338	12.52	6	0.658	12.54	6	0.944	12.58	4
0.121	12.54	5	0.367	12.55	6	0.701	12.53	6	0.966	12.87	2
0.150	12.57	5	0.405	12.54	6	0.748	12.55	6	0.984	13.03	2
0.190	12.54	4	0.444	12.55	6	0.805	12.55	6			

Tabelle 20

	WACHMANN	AHNERT
Max. Helligkeit	12ᵐ54	13ᵐ1
Min. „	13.05	13.5
Amplitude	0.51	0.4
D	0ᵈ095	

Der mittleren Lichtkurve entnehmen wir die folgenden Einzelheiten (Tab. 20), denen zum Vergleich die entsprechenden Werte von AHNERT gegenübergestellt wurden.

Ein Nebenminimum ist nicht vorhanden.

7. **EW Cyg** $19^{\mathrm{h}}\,48^{\mathrm{m}}\,11^{\mathrm{s}}$ $+31°\,9'.3$ (1855.0) Sp. –

EW Cyg wurde 1928 von C. HOFFMEISTER [Astron. Nachr. **233**.33 (1928)] aufgefunden und zwar als langperiodisch veränderlich mit einer Amplitude von $12^{\mathrm{m}}.5$ bis $15^{\mathrm{m}}.5$. Vergleichsternhelligkeiten sind später von HOPPE in Mitt. Sternw. Sonneberg Nr. 25 (1933) bestimmt worden. Eine Zusammenfassung aller Sonneberger Beobachtungen gibt AHNERT in Kl. Veröff. Univ. Sternw. Berlin-Babelsberg Nr. 24 (1941). Aus 6 Maxima und 5 Minima folgen die Elemente: Max. = $2425137 + 300^{\mathrm{d}} \cdot E$ Amplitude: $13^{\mathrm{m}}.1$ bis $14^{\mathrm{m}}.6$. Dazu bemerkt AHNERT, daß die Lichtkurve stark veränderlich ist und die flachen Maxima und Minima nicht sehr sicher bestimmbar sind.

Eine weitere Beobachtungsreihe von ROSINO liegt in Mem. Soc. Astron. Italiana 14.213 (1941) vor. Soweit die Lichtkurve trotz verschiedener Lücken in der Reihe mit Sicherheit zu ziehen ist, scheinen seine Beobachtungen mit einer Periode von 300ᵈ vereinbar zu sein.

Tabelle 21

Vergleichsterne

Bez.	$\Delta\alpha\cos\delta$	$\Delta\delta$	m_{pg}	m_{pg} (HOPPE)	Δm
a	+0'.3	–1'.7	12ᵐ68	12ᵐ53	+0ᵐ15
b	+0.2	+1.0	13.08	13.23	–0.15
c	–1.7	+2.0	13.28	13.67	–0.39
d	–3.7	–0.4	13.62	—	—
e	+2.2	–0.4	14.73	14.37	+0.36
f	–1.1	–0.3	15.27	14.92	+0.35

In dem von meinen Beobachtungen bedeckten Zeitraum wurden die in Tab. 22 aufgeführten Zeiten maximalen Lichtes festgestellt.

Diese Maxima sind nun in keiner Weise mit den Elementen von AHNERT in Einklang zu bringen. Auch macht die geringe Amplitude die Zugehörigkeit zur Klasse der langperiodischen Veränderlichen unwahrscheinlich. Die graphische Auftragung der Beobachtungen deuten vielmehr auf einen halbregelmäßigen Lichtwechsel hin. In Übereinstimmung mit HOFFMEISTER beträgt meine Amplitude $1^m_.4$, und zwar von $13^m_.3$ bis $14^m_.7$.

Tabelle 22
Beobachtete Maxima

Max.	m_{pg}
242 8110	$13^m_.3$
8290	13.6
8425::	13.8:
8635::	13.6
9017	13.3
9230	13.6

8. **EX Cyg** $19^h\,48^m\,42^s$ $+30°\,51'.4$ (1855.0) Sp. –.

EX Cyg wurde 1928 von C. HOFFMEISTER als kurzperiodischer Veränderlicher in Astron. Nachr. 233.33 (1928) angezeigt. Die Vergleichsternhelligkeiten stammen von HOPPE [Mitt. Sternw. Sonneberg Nr. 25 (1933)]. AHNERTs Bearbeitung der Sonneberger Aufnahmen in Kl. Veröff. Univ. Sternw. Berlin-Babelsberg Nr. 24 (1941) ergibt RR Lyrae-Art (?) mit einem Lichtwechsel von $14^m_.0$ bis $15^m_.5$.

Tabelle 23
Vergleichsterne

Bez.	$\Delta\alpha\cos\delta$	$\Delta\delta$	m_{pg}	m_{pg} (HOPPE)	Δm
a	+3'.7	+2'.3	$13^m_.31$	$13^m_.61$	$-0^m_.30$
b	+4.0	+1.5	13.61	13.94	−0.33
c	−1.8	+3.4	14.05	13.98	+0.07
d	+4.7	+0.7	14.59	—	—
e	−2.0	−2.1	15.31	—	—
f	−2.6	+1.1	15.76	16.02	−0.26

In Mem. Soc. Astron. Italiana 14.213 (1941) teilt ROSINO die Ergebnisse aus der Bearbeitung von 90 Aufnahmen mit. Danach handelt es sich um einen δ Cephei-Stern mit den folgenden aus 8 Maxima abgeleiteten Elementen:

$$\text{Max.} = 2429158.79 + 4^d_.7877 \cdot E \qquad M - m = 1^d_.9 \quad \text{Ampl. } 14^m_.0 \text{ bis } 15^m_.3$$
$$\pm 23 \qquad \pm 56$$

Die vorliegende Beobachtungsreihe wurde in 4 Zeitabschnitte aufgeteilt und für diese mit einer genäherten Periode Normalmaxima bestimmt. Die Ausgleichung nach der Methode der kleinsten Quadrate ergab folgende Elemente:

$$\text{Max.} = 2428339.387 + 4^d_.85065 \cdot E$$
$$\pm 31 \qquad \pm 31$$

mit der Darstellung in Tab. 24 der beobachteten Normalmaxima durch die Rechnung.

Tabelle 24
Darstellung der Normalmaxima

Normalmax.	E	B−R
242 8096.814	−50	$-0^d_.040$
8421.902	+ 17	+0.054
8800.207	+ 95	+0.008
9188.837	+175	−0.022

Die Ausgangsepoche von ROSINO wird damit allerdings nicht sonderlich gut dargestellt (B−R = $-0^d_.36$).

Mit Hilfe dieser Elemente wurden dann alle Beobachtungen auf einen Umlauf reduziert und zu der in Tab. 25 mitgeteilten mittleren Lichtkurve vereinigt.

Tabelle 25
Mittlere Lichtkurve

Phase	m_{pg}	n	Phase	m_{pg}	n	Phase	m_{pg}	n	Phase	m_{pg}	n
$0^P_.01$	$13^m_.86$	3	$0^P_.30$	$14^m_.64$	6	$0^P_.54$	$15^m_.13$	6	$0^P_.83$	$14^m_.79$	6
0.04	13.94	4	0.32	14.67	6	0.58	15.08	6	0.86	14.56	6
0.09	14.09	6	0.36	14.70	7	0.66	15.13	7	0.89	14.41	7
0.15	14.27	5	0.41	14.83	6	0.71	15.08	6	0.91	14.15	3
0.22	14.48	6	0.47	14.85	6	0.76	15.18	6	0.95	13.92	3
0.25	14.57	5	0.51	14.90	6	0.79	14.99	6			

Der mittleren Lichtkurve entnehmen wir die folgenden Daten (Tab. 26).

Zum Vergleich sind die entsprechenden Werte von AHNERT und ROSINO daneben gesetzt. Die Lichtkurve verläuft im allgemeinen glatt; ein schwacher Buckel ist bei der Phase $0^P_.5$ angedeutet.

Tabelle 26

	WACHMANN	AHNERT	ROSINO
Max. Helligkeit	$13^m_.86$	$14^m_.0$	$14^m_.0$
Min. ,,	15.13	15.5	15.3
Amplitude	1.27	1.5	1.3
$(M - m)/P$	0.30	—	0.39

9. **GG Cyg** $19^{h}\,48^{m}\,43^{s}$ $+32°\,18'.2$ (1855.0) Sp. A 4

GG Cyg wurde 1928 von C. HOFFMEISTER [Astron. Nachr. **234**.36 (1929)] auf Sonneberger Platten aufgefunden und als Algolstern erkannt. Helligkeiten der Vergleichsterne sind von HOPPE in Mitt. Sternw. Sonneberg Nr. 25 (1933) bestimmt worden. Im Beob. Zirk. Astron. Nachr. **21**.133 (1939) und in Kl. Veröff. Univ. Sternw. Berlin-Babelsberg Nr. 24 (1941) teilt AHNERT die von ihm auf Grund der Sonneberger Platten abgeleiteten Elemente mit:

$$\text{Min} = 242\,5145.540 + 2^{d}.008379 \cdot E \qquad (1)$$

Mit diesen Elementen wurde aus den vorliegenden Beobachtungen eine mittlere Lichtkurve abgeleitet, mit deren Hilfe 8 Minima bestimmt wurden. Diese ergeben durch geeignete Zusammenfassung zwei in der Tab. 28 unter WACHMANN angeführte Normalminima.

In Verbindung mit der Nullepoche von AHNERT liefern die Normalminima folgende neue Elemente:

$$\text{Min.} = 242\,5145.539 + 2^{d}.008363 \cdot E \qquad (2)$$
$$\pm 7 \qquad\qquad \pm 5$$

Tabelle 27
Vergleichsterne

Bez.	$\Delta\alpha\cos\delta$	$\Delta\delta$	m_{pg}	Sp.	m_{pg} (HOPPE)	Δm_{pg} (WA-HO)
a	−6'.0	+0'.6	11^{m}53	A5	—	—
b	−2.6	+4.1	11.84	F2	11^{m}98	−0^{m}14
c	+1.9	+3.4	12.07	A0	—	—
d	−1.7	+6.6	12.33	K3	—	—
e	+1.4	+0.4	12.73	F-G:	12.88	−0.15
	−3.9	+1.2	13.21	—	—	—

Tabelle 28
Darstellung der Normalminima

Normalmin.	Beob.	*E*	B − R_1	B − R_2
242 5145.540	AHNERT	0	0^{d}000	+0^{d}001
8280.588	WACHMANN	+1561	−0.032	−0.006
9186.371	,,	+2012	−0.028	+0.006

Mit diesen neuen Elementen sind dann sämtliche Beobachtungen zu der mittleren Lichtkurve der Tab. 29 zusammengefaßt worden.

Tabelle 29
Mittlere Lichtkurve

Phase	m_{pg}	*n*	Phase	m_{pg}	*n*	Phase	m_{pg}	*n*	Phase	m_{pg}	*n*
0^{P}005	12^{m}82	3	0^{P}253	12^{m}06	7	0^{P}479	12^{m}12	6	0^{P}784	12^{m}10	6
0.032	12.67	2	0.282	12.06	6	0.570	12.10	6	0.812	12.05	6
0.051	12.60	2	0.308	12.05	5	0.600	12.08	6	0.863	12.10	6
0.072	12.27	5	0.338	12.01	6	0.641	12.05	6	0.893	12.16	3
0.095	12.17	6	0.377	12.09	6	0.700	12.03	6	0.930	12.33	4
0.127	12.10	4	0.400	12.13	6	0.737	12.04	6	0.941	12.48	2
0.198	12.08	6	0.435	12.11	6	0.772	12.05	6	0.959	12.70	3

Danach handelt es sich um einen Bedeckungsveränderlichen vom β Lyrae-Typus, während AHNERT Algoltyp annimmt. Der mittleren Lichtkurve entnehmen wir die in Tab. 30 aufgeführten Daten.

Zum Vergleich sind die entsprechenden Werte von AHNERT daneben aufgeführt. Die Übereinstimmung ist sehr gut.

Tabelle 30

	WACHMANN	AHNERT
Art	β Lyrae	Algol
Normalhelligkeit	12^{m}02	12^{m}12
Helligkeit im Hauptminimum	12.82	12.93
,, im Nebenminimum	12.13	—
Amplitude im Hauptminimum	0.80	0.81
,, im Nebenminimum	0.11	—

10. **EY Cyg** $19^{h}\,48^{m}\,49^{s}$ $+31°\,59'.0$ (1855.0) Sp. –

Dieser dem U Geminorum-Typus angehörige Veränderliche wurde 1928 von HOFFMEISTER auf Sonneberger Platten aufgefunden [Astron. Nachr. **233**.33 (1928)]. Vergleichsternhelligkeiten stammen von HOPPE und sind in den Mitt. Sternw. Sonneberg Nr. 25 (1933) mitgeteilt. Die Übereinstimmung mit den von mir abgeleiteten Helligkeiten (letzte Spalte der Tab. 31) ist nicht sonderlich befriedigend.

Tabelle 31
Vergleichsterne

Bez.	$\Delta\alpha\cos\delta$	$\Delta\delta$	m_{pg}	m_{pg} (HOPPE)	Δm_{pg} (WA-HO)
a	+1'.3	+1'.0	11^{m}46	11^{m}78	−0^{m}32
b	+6.1	+2.1	11.96	—	—
c	−1.2	−2.5	12.26	12.39	−0.13
d	+2.1	+4.0	12.58	12.71	−0.13
e	−4.3	+2.7	12.75	13.13	−0.38
f	−4.7	+0.9	13.31	13.65	−0.34
g	−1.0	+2.1	13.83	14.01	−0.18
h	−2.2	+0.7	14.28	—	—
i	+2.2	+1.0	14.50	—	—
k	−1.9	−0.3	15.37	—	—
l	−0.5	−0.5	15.84:	15.69	+0.15:

Außer den von AHNERT in den Kl. Veröff. Univ. Sternw. Berlin-Babelsberg Nr. 24 (1921) angegebenen 2 Maxima 2425144 ($11^m.8$) und 7950 ($11^m.85$) ist auch von JACCHIA 1930 Dez. 12 [Beob. Zirk. Astron. Nachr. **12**.102 (1930)] und von KOYAMA 1935 Mai 24 [Astron. Nachr. **259**.247 (1936)] je ein Maximum beobachtet worden. BÖHME [Astron. Nachr. **268**.71 (1939)] hat auf 137 Bamberger Ernostar-Platten des Zeitraumes 1929—1937 den Stern nachgesehen, jedoch kein Aufleuchten gefunden. Um die Zeit der von JACCHIA und KOYAMA beobachteten Maxima liegen aber in Bamberg keine Platten vor. Daraus ergibt sich, daß die Maxima jedenfalls weit voneinander getrennt liegen.

In dem von mir beobachteten Zeitraum 1935 Juli bis 1939 April geben auch meine Platten kein Aufleuchten dieses Sternes. Da nach HOFFMEISTER das Maximum sich von 1927 Sept. bis Okt. erstreckt, dürfte bei der dichten Besetzung meines Zeitraumes mit Platten mir schwerlich ein Aufleuchten des Sternes entgangen sein. Die photographische Minimalhelligkeit beträgt etwa $15^m.5$ mit geringfügigen kleinen Schwankungen. Dieser Befund steht im Gegensatz zu der Feststellung von AHNERT, daß im Normallicht der Stern unregelmäßig veränderlich zwischen $14^m.6$ und $15^m.6$ ist. Die weitere gründliche Beobachtung dieses U Geminorum-Sternes ist dringend erwünscht, um vor allen Dingen in der Maximalhelligkeit den Spektralcharakter festlegen zu können.

11. **69.1939 Cyg** $19^h\,48^m\,58^s$ $+32°\,37'.4$ (1855.0) Sp. A3

Dieser Veränderliche wurde beim Abblinken der vorliegenden Platten aufgefunden und im Beob. Zirk. Astron. Nachr. **22**.10 (1940) als neuer Bedeckungsveränderlicher angezeigt.

Tabelle 32
Vergleichsterne

Bez.	$\Delta\alpha\cos\delta$	$\Delta\delta$	m_{pg}	Sp.
a	$-3'.1$	$-4'.0$	$10^m.49$	F3
b	$+6.0$	$+2.8$	10.99	F0:
c	-3.3	$+2.1$	11.27	A::
d	-3.6	$+3.7$	11.89	A0
e	$+4.6$	$+3.2$	12.54	A3
f	$+5.3$	-0.7	12.87	G5:

Nahe dem Minimum wurde 69.1939 Cyg zu folgenden, in der Tab. 33 aufgeführten Zeiten gefunden. Damit finden sich die Elemente:

$$\text{Min.} = 242\,8774.389 + 1^d.391576 \cdot E$$
$$\pm 7 \qquad \pm 21$$

Tabelle 33
Beobachtete Minima

Min.	*E*	B−R	Min.	*E*	B−R	Min.	*E*	B−R
242 8074.430	−503	$+0^d.004$	242 8422.331	−253	$+0^d.011$	242 9186.285	+296	$-0^d.010$
8095.329	−488	+0.029	8774.394	0	+0.005	9193.249	+301	−0.004
8099.441	−485	−0.034	8813.370	+ 28	+0.017			
8362.446	−296	−0.037	8866.267	+ 66	+0.034			

und die oben angeführte Darstellung der Beobachtungen durch die Rechnung. Gruppenweise Zusammenfassung benachbarter Beobachtungen nach Reduktion auf einen Umlauf mit Hilfe dieser Elemente ergab dann folgende mittlere Lichtkurve (Tab. 34).

Tabelle 34
Mittlere Lichtkurve

Phase	m_{pg}	*n*	Phase	m_{pg}	*n*	Phase	m_{pg}	*n*	Phase	m_{pg}	*n*
$0^P.002$	$11^m.74$	3	$0^P.290$	$10^m.93$	6	$0^P.520$	$11^m.18$	4	$0^P.785$	$10^m.92$	6
0.019	11.26	5	0.323	10.93	7	0.561	10.95	5	0.861	10.89	7
0.064	10.99	6	0.372	10.93	6	0.602	10.91	5	0.910	10.88	4
0.134	10.93	5	0.422	10.90	6	0.655	10.90	6	0.927	10.90	4
0.162	10.89	6	0.452	10.95	5	0.693	10.89	6	0.957	11.05	5
0.202	10.92	5	0.484	11.20	4	0.725	10.88	6	0.980	11.33	4
0.258	10.89	6	0.503	11.37	4	0.751	10.90	6			

Der mittleren Lichtkurve entnehmen wir die in Tab. 35 zusammengestellten Daten.

Die angegebenen Spektren wurden auf einer mehrstündigen Spektralaufnahme geschätzt.

Tabelle 35

Art	Algol	Amplitude I	$0^m.82$
Max. Helligkeit	$10^m.92$	Amplitude II	0.45
Min. I Helligkeit	11.74	*D*	$0^d.16$
Min. II Helligkeit	11.37	Spektrum	A3

Tabelle 36

Vergleichsterne

Bez.	$\Delta\alpha\cos\delta$	$\Delta\delta$	m_{pg}
a	$+1'.2$	$+1'.7$	14^m31
b	$+2.0$	$+1.7$	14.66
c	-0.7	-0.5	14.90
d	$+2.7$	-1.3	15.20
e	$+0.1$	$+0.7$	15.37

12. **492.1934 Cyg** $19^h\,49^m\,53^s$ $+30°\,31'.2$ (1855.0) Sp. –.

492.1934 Cyg wurde 1934 von MORGENROTH auf Sonneberger Platten aufgefunden mit einer Amplitude von 14^m0 bis [15^m5. Weitere Beobachtungen sind nicht bekannt geworden. Aus den Schätzungen der Bergedorfer Platten und der Durchsicht der in Sonneberg vorliegenden Aufnahmen ergibt sich eindeutig Bedeckungslichtwechsel vom Typus Algol. Jedoch war es nicht möglich, die beobachteten Zeiten minimalen Lichtes durch eine Periode widerspruchslos darzustellen.

Tabelle 37

Beobachtete Minima

242 7543.565	Sonn	242 8835.287	Bgd	242 9541.311	Sonn
7635.468	„	9167.321	Sonn	243 0234.379	Bgd
8421.231	Bgd	9168.451	Bgd	0261.368	Sonn
8781.433	„				

Die Amplitude des Lichtwechsels beträgt nach meinen Beobachtungen nur 0^m85: von 14^m52 bis 15^m37:.

Tabelle 38

Vergleichsterne

Bez.	$\Delta\alpha\cos\delta$	$\Delta\delta$	m_{pg}
a	$-1'.2$	$-2'.5$	13^m45
b	$+4.8$	-1.1	14.02
c	-1.2	-0.5	14.66
d	-0.4	$+1.3$	15.12
e	-2.3	-0.9	15.45

13. **IY Cyg** $19^h\,49^m\,56^s$ $+31°\,22'.8$ (1855.0) Sp. –

IY Cyg wurde von C. HOFFMEISTER als neuer kurzperiodischer Veränderlicher in Astron. Nachr. **236**.233 (1929) angezeigt. Amplitude 14^m5 bis 16^m. Die Bearbeitung der Sonneberger Platten durch AHNERT in den Kl. Veröff. Univ. Sternw. Berlin-Babelsberg Nr. 24 (1941) ergab RR Lyrae-Art (?) mit einer Amplitude von 14^m bis 716^m2.

ROSINOS Beobachtungen in Mem. Soc. Astron. Italiana **14**.213 (1941) sowie die vorliegende Beobachtungsreihe ordnen den Stern aber eindeutig in die Klasse der δ Cephei-Sterne ein. ROSINO bestimmt aus 101 Platten insgesamt 7 Maxima und daraus die Elemente:

$$\text{Max.} = 2429102.83 + 21^d8573 \cdot E. \\ \pm 22 \qquad \pm 11$$

Die angegebene Amplitude 13^m90 bis 15^m50 ist im Hinblick auf die nur roh geschätzte Vergleichsternsequenz ziemlich unsicher.

Tabelle 39

Normalmaxima

242 8254.07	Epoche – 9
8906.86	+ 21

Der vorliegende Beobachtungszeitraum wurde in 2 Abschnitte eingeteilt und hierfür mit Hilfe einer genäherten Periode 2 Normalmaxima gebildet (Tab. 39). Daraus folgen die Elemente:

$$\text{Max.} = 2428449.91 + 21^d760 \cdot E.$$

Die Ausgangsepoche von ROSINO wird damit wie folgt dargestellt: B – R = $+0^d12$. Mit diesen Elementen wurden alle Beobachtungen auf eine Periode reduziert und zu der nachstehenden mittleren Lichtkurve vereinigt:

Tabelle 40

Mittlere Lichtkurve

Phase	m_{pg}	n	Phase	m_{pg}	n	Phase	m_{pg}	n	Phase	m_{pg}	n
0^P01	13^m81	5	0^P24	14^m69	5	0^P59	15^m31	5	0^P87	15^m25	5
0.06	13.98	4	0.26	14.73	4	0.66	15.36	5	0.91	15.20	3
0.08	14.16	4	0.30	14.95	4	0.69	15.18	6	0.94	14.87	3
0.12	14.22	5	0.37	15.07	5	0.74	15.16	5	0.96	14.08	2
0.16	14.53	3	0.42	15.13	6	0.79	15.13	5	0.97	13.93	3
0.21	14.60	5	0.52	15.14	4	0.85	15.24	6			

Tabelle 41

Max. Helligkeit	13^m81
Min. „	15.30
Amplitude	1.49
$(M-m)/P$	0.14:

Der mittleren Lichtkurve entnehmen wir die Daten der Tab. 41.

Bei der Phase 0^P77 liegt eine kräftige sekundäre Welle, so daß die genaue Festlegung des eigentlichen Minimums nicht möglich ist. Der Anstieg vom Minimum zum Maximum erfolgt außerordentlich steil.

14. **980.1935 Cyg** $19^h\,50^m\,1^s$ $+32°\,22'.7$ (1855.0) Sp. –

Dieser Stern wurde auf Sonneberger Platten aufgefunden und von MORGENROTH in Astron. Nachr. **258**.265 (1936) als langperiodischer Veränderlicher mit einer Helligkeitsänderung von 13^m5 bis $[15^m5$ angezeigt. Außer dieser Anzeige liegen noch von ROSINO [Mem. Soc. Astron. Italiana **14**.213 (1941)] 92 Beobachtungen vor. Damit konnte allerdings nur ein Maximum 2429012 festgelegt werden. Aus dem Verlauf der lückenhaften Lichtkurve schließt er auf eine Periode von mehr als 400^d.

Diese Vermutung wird durch meine Beobachtungen bestätigt. 5 Maxima ergeben die Elemente:

$$\text{Max.} = 2428061 + 478^d \cdot E$$

mit der in der Tab. 43 aufgeführten Darstellung.

Im Maximum erreicht 980.1935 Cyg die Helligkeit 12^m8, im Minimum sinkt er unter 16^m0 in guter Übereinstimmung mit den Extremwerten von ROSINO.

Tabelle 42
Vergleichsterne

Bez.	$\Delta\alpha \cos\delta$	$\Delta\delta$	m_{pg}
a	$-1'.8$	$-1'.3$	12^m57
b	-0.8	$+3.4$	12.95
c	-3.1	-0.4	13.25
d	-2.9	$+2.7$	13.70
e	-0.3	$+2.0$	14.58
f	-0.1	-1.4	14.61
g	-0.8	$+0.7$	15.53
h	-0.6	$+1.3$	15.63
i	-0.5	$+1.0$	15.9:

Tabelle 43
Beobachtete Maxima

Max.	*E*	B – R
242 6178:	-4	$+29^d$
6595:	-3	-32
8072	0	$+11$
8542:	$+1$	$+3$
9017:	$+2$	0

15. **EZ Cyg** $19^h\,52^m\,4^s$ $+29°\,52'.7$ (1855.0) Sp. G5v

EZ Cyg wurde 1928 von C. HOFFMEISTER auf Sonneberger Platten aufgefunden und in Astron. Nachr. **233**.33 (1928) angezeigt. HOFFMEISTER findet Algoltypus und die Helligkeitsgrenzen 12^m und 13^m5, was jedoch von PARENAGO [Ver. v. Freund. Astron. Gorki. Veränd. Sterne 4.307 (1934)] auf Grund von 14 Beobachtungen bestritten wird. Seine Lichtwechselgrenzen betragen 11^m6 und 12^m3. Während der abschließenden Bearbeitung der vorliegenden Beobachtungen, die eindeutig δ Cephei-Charakter dieses Sternes ergab, teilten SUZUKI und HURUHATA in Bull. Tokyo Astron. Obs. 322 (1938) die ersten Elemente mit:

Tabelle 44
Vergleichsterne

Bez.	$\Delta\alpha \cos\delta$	$\Delta\delta$	m_{pg}	Sp.	m_{pg} (HOPPE)	Δm_{pg} (WA-HO)
a	$+3'.1$	$+6'.6$	11^m60	A0	—	—
b	$+8.1$	$+5.7$	11.91	G2	—	—
c	-1.2	-1.1	12.23	A8	12^m29	-0^m06
d	$+5.6$	-1.6	12.53	—	12.57	-0.04
e	$+4.7$	$+0.7$	12.67	—	—	—
f	$+0.8$	-4.8	12.92	—	—	—
g	$+3.4$	-1.2	13.36	—	13.24	$+0.12$
h	-0.4	$+0.1$	14.30	—	—	—

$$\text{Max.} = 2428832.3 + 11^d.6601 \cdot E$$

Weitere 33 Beobachtungen liegen vor von KAHO [Bull. Tokyo Astron. Obs. 298 (1938)]. Im Widerspruch zu der obigen Klassifizierung steht die Angabe AHNERTS in Kl. Veröff. Univ. Sternw. Berlin-Babelsberg Nr. 24 (1941), daß es sich um einen ζ Geminorum-Stern handelt. Aus 11 photographischen und 4 visuellen von HOFFMEISTER beobachteten Maxima findet er:

$$\text{Max.} = 2425462.94 + 11^d.69390 \cdot E \qquad (1)$$

Durch geeignete Zusammenfassung habe ich zunächst aus meinen Beobachtungen 4 Normalmaxima gebildet und daraus in Verbindung mit den Beobachtungen aus Tokyo durch Ausgleichung folgende Elemente bestimmt:

$$\text{Max.} = \underset{\pm 8}{2428097.53} + \underset{\pm 13}{11^d.6595} \cdot E \qquad (2)$$

Damit ergibt sich die in der Tab. 45 angegebene Darstellung aller Normalmaxima. Unter Fortlassung der visuellen Maxima wurden dabei die von AHNERT angezeigten 11 Maxima in geeigneter Weise in 2 Normalmaxima zusammengefaßt.

Tabelle 45
Normalmaxima

Normalmax.	Beob.	*E*	$B-R_2$	$B-R_1$
242 5509.82	AHNERT	-222	$-0^d.10$	$+0^d.11$
5823.88	KAHO	-195	-0.05	-1.57
8097.57	WACHMANN	0	$+0.04$	$+3.50$
8377.43	„	$+24$	$+0.07$	$+2.71$
8773.71	„	$+58$	-0.07	$+1.40$
8832.3	SUZUKI	$+63$	$+0.22$	$+1.52$
9111.49	AHNERT	$+87$	-0.23	$+0.05$
9193.29	WACHMANN	$+94$	-0.23	0.00

Die Darstellung ist sehr gut; mit den AHNERTschen Elementen ist die Übereinstimmung wesentlich schlechter, so daß die von mir abgeleiteten Elemente den Vorzug verdienen.

Nach Reduktion aller Beobachtungen auf einen Umlauf ergibt sich die folgende mittlere Lichtkurve:

Tabelle 46
Mittlere Lichtkurve

Phase	m_{pg}	n	Phase	m_{pg}	n	Phase	m_{pg}	n	Phase	m_{pg}	n
$0^P.01$	$11^m.89$	6	$0^P.17$	$12^m.25$	6	$0^P.56$	$13^m.08$	6	$0^P.84$	$12^m.47$	7
0.03	11.90	6	0.21	12.33	5	0.64	13.04	7	0.88	12.40	8
0.07	11.94	6	0.28	12.57	4	0.69	12.89	5	0.92	12.21	6
0.11	12.06	5	0.33	12.58	6	0.72	12.77	7	0.95	11.91	5
0.15	12.15	8	0.40	12.77	8	0.75	12.63	6	0.98	11.87	5
0.16	12.18	7	0.47	12.96	8	0.80	12.48	5			

Der mittleren Lichtkurve entnehmen wir die folgenden Eigenheiten des Veränderlichen (Tab. 47), denen zum Vergleich die entsprechenden Werte der anderen Beobachter hinzugefügt wurden:

Tabelle 47

	WACHMANN	SUZUKI HURUHATA	KAHO	AHNERT
Max. Helligkeit	$11^m.87$	$11^m.7$	$11^m.9$	$12^m.27$
Min. „	13.08	13.0	12.9	12.90
Amplitude	1.21	1.3	1.0	0.63
$M-m$	$5^d.0$	$5^d.1$		$5^d.6$

Auf dem aufsteigenden Ast der Lichtkurve befindet sich $2^d.1$ vor dem Maximum eine außerordentlich kräftig ausgeprägte sekundäre Welle. Diese sowie offenbar fehlerhafte Vergleichsternhelligkeiten — die geringe von AHNERT angegebene Amplitude läßt darauf schließen — haben AHNERT dazu geführt, EZ Cyg fälschlicherweise in die Klasse der ζ Geminorum-Sterne einzuordnen.

Tabelle 48
Vergleichsterne

Bez.	$\Delta\alpha\cos\delta$	$\Delta\delta$	m_{pg}
a	$-2'.9$	$-1'.7$	$13^m.29$
b	-0.7	-1.7	13.89
c	$+2.5$	-0.3	14.40
d	$+2.4$	$+1.4$	14.81
e	-0.9	$+1.0$	15.22
f	$+0.9$	$+0.2$	15.68
g	-1.4	-0.4	16.0::

16. **KL Cyg** $19^h\,52^m\,18^s$ $+32°\,46'.1$ (1855.0) Sp. –

KL Cyg wurde 1929 von C. HOFFMEISTER auf Sonneberger Platten als wahrscheinlich langperiodischer Veränderlicher mit der Amplitude 12^m bis [16^m aufgefunden [Astron. Nachr. **236**.233 (1929)]. Bestätigt wurde die Veränderlichkeit von PARENAGO [Ver. v. Freund. Astron. Gorki. Veränd. Sterne 4.303 (1934)] auf Grund von 7 Beobachtungen, die die Amplitude $13^m.0$ bis [14^m ergaben. In den Astron. Nachr. **268**.71 (1939) teilt BÖHME die Ergebnisse aus der Bearbeitung von 117 Bamberger Überwachungsaufnahmen mit. In dem Zeitraum 2426216—9137 ist der Stern nur auf einer Platte sichtbar (2428749). Auf allen anderen Platten ist der Stern immer unsichtbar [$13^m.0$. Die definitive Bearbeitung der Sonneberger Platten durch AHNERT in den Kl. Veröff. Univ. Sternw. Berlin-Babelsberg Nr. 24 (1941) ergab 4 Maxima und 3 Minima und daraus die Elemente:

$$\text{Max.} = 242\,5560 + 533^d \cdot E \qquad M - m = 165^d. \quad \text{Ampl. } 12^m.4 \text{ bis } 17^m:$$

Tabelle 49
Beobachtete Maxima

Max.	Beob.	E	B–R
242 5560	AHNERT	−7	-1^d
7680	„	−3	−5
8220	AHNERT, WACHMANN	−2	+4
8756	„ „	−1	+9
9270	WACHMANN	0	−8

Durch die vorliegende Beobachtungsreihe werden 3 Maxima festgelegt, von denen 2 mit denen von AHNERT identisch sind (Tab. 49).

Damit ergeben sich durch Ausgleichung die neuen Elemente: Max. $= 242\,9278 + 531^d \cdot E$ mit der in Tab. 49 angeführten Darstellung. Die Maximumhelligkeit (Amplitude $14^m.1$ bis [16^m) liegt bei mir allerdings erheblich tiefer. Da die Vergleichsternhelligkeiten durch 3 Übertragungen des Eichfeldes 64 bestimmt sind, dürfte bei AHNERT ein erheblicher Skalenfehler der Vergleichsterne vorliegen, oder aber die angegebenen Helligkeiten beruhen nicht auf Schätzungen von Blauplatten, sondern auf den häufiger in Sonneberg verwendeten orthochromatischen Platten.

Die Schätzungen der Helligkeit dieses Sternes gestalteten sich insofern schwierig, als der Stern ein außerordentlich diffuses Aussehen hat, was auf einen extrem roten Stern schließen läßt. Auf einigen unter besonders günstigen Beobachtungsbedingungen aufgenommenen Platten macht KL Cyg den Eindruck eines Doppelsternes.

17. **655.1936** Vul $19^h 52^m 42^s$ $+27° 16'.9$ (1855.0) Sp. –

655.1936 Vul ist 1936 von MORGENROTH [Astron. Nachr. **261**.263 (1937)] in Sonneberg aufgefunden worden. Außer der angegebenen photographischen Amplitude $12^m.5$ bis 14^m ist bislang nichts über die Art des Lichtwechsels bekannt geworden.

Die Bearbeitung der Bergedorfer Platten ergibt eindeutig die Zugehörigkeit dieses Veränderlichen zur Klasse der δ Cephei-Sterne. Zur Ableitung der Elemente wurde der Beobachtungszeitraum in 4 Zeitabschnitte aufgeteilt, und für jeden dieser Abschnitte mit Hilfe einer genäherten Periode ein Normalmaximum bestimmt (Tab. 51). Daraus folgen die Elemente:

$$\text{Max.} = 242\,8427.19 + 13^d.6045 \cdot E$$
$$\pm 11 \qquad \pm 28$$

Nach gruppenweiser Zusammenfassung der Beobachtungen nach der Phase finden wir die mittlere Lichtkurve der Tab. 52.

Tabelle 50
Vergleichsterne

Bez.	$\Delta\alpha\cos\delta$	$\Delta\delta$	m_{pg}
a	−0′.5	−3′.6	$12^m.42$
b	−7.3	+6.7	12.69
c	+8.1	+8.2	13.02
d	−4.7	−1.1	13.31
e	−5.5	−3.2	13.55
f	−1.1	−1.2	14.28
g	+1.3	+5.4	14.67

Tabelle 51
Normalmaxima

Normalmax.	*E*	B−R
242 8087.01	−25	$-0^d.07$
8403.08	− 2	+0.09
8753.68	+24	−0.02
9189.04	+56	−0.02

Tabelle 52
Mittlere Lichtkurve

Phase	m_{pg}	*n*	Phase	m_{pg}	*n*	Phase	m_{pg}	*n*	Phase	m_{pg}	*n*
$0^P.00$	$12^m.78$	2	$0^P.29$	$13^m.56$	6	$0^P.58$	$14^m.32$	6	$0^P.82$	$13^m.87$	6
0.02	12.84	3	0.34	13.62	5	0.62	14.30	7	0.85	13.77	5
0.05	12.98	5	0.39	14.04	5	0.65	14.34	7	0.88	13.61	4
0.10	13.19	5	0.44	14.11	7	0.68	14.36	6	0.90	13.31	5
0.17	13.26	5	0.49	14.19	7	0.72	14.21	5	0.92	13.23	4
0.21	13.29	5	0.52	14.28	6	0.76	13.97	6	0.95	13.06	4
0.25	13.38	5									

Ihr entnehmen wir die folgenden Daten (Tab. 53):

Sowohl auf dem aufsteigenden wie auf dem absteigenden Ast der Lichtkurve befindet sich bei der Phase $0^P.76$ und $0^P.22$ eine sekundäre Welle.

Tabelle 53

Max. Helligkeit	$12^m.80$
Min. „	14.33
Amplitude	1.53
$(M-m)/P$	0.40

18. **GH Cyg** $19^h 53^m 17^s$ $+29° 3'.7$ (1855.0)
Sp. G3v.

GH Cyg wurde 1930 von SCHNELLER [Astron. Nachr. **239**.301 (1930)] auf Babelsberger Platten aufgefunden und als δ Cephei-Stern erkannt. Von ihm sind auch die Helligkeiten der Vergleichsterne durch Anschluß an die Harvard-Helligkeiten des Eichfeldes 65 [Ann. Astron. Obs. Harvard Coll. **101**.172 (1918)] bestimmt worden. Sie ergeben eine Differenz von $+0^m.40$ im Sinne WACHMANN—SCHNELLER. Diese Differenz fällt zu Lasten der Harvard-Helligkeiten. Ein Vergleich von 25 Sternen des Mount-Wilson-Kataloges [Carnegie Institution Publ. **402** (1930)] mit den Harvard-Helligkeiten ergibt für das Eichfeld 64 eine Korrektion der letzteren von $+0^m.46$, um welchen Betrag also die SCHNELLERschen Helligkeiten zu verbessern sind.

Tabelle 54
Vergleichsterne

Bez.	$\Delta\alpha\cos\delta$	$\Delta\delta$	m_{pg}	Sp.	m_{pg} (SCHN)	Δm_{pg} (WA-SCH)
a	−0′.7	+13′.4	$10^m.17$	F7	—	—
b	−0.6	+ 3.7	10.51	B9	—	—
c	+5.7	+11.3	11.20	B9	$10^m.70$	$+0^m.50$
d	+1.8	+ 7.8	11.71	A3	11.08	+0.63
e	−4.2	+10.1	11.90	F7	11.75	+0.15
f	−4.5	+ 3.5	12.23		11.90	+0.33
g	+0.9	+ 2.4	12.59		—	—
					Mittel:	$+0^m.40$

Außer von SCHNELLER ist der Stern auch noch von PARENAGO [Ver. v. Freund. Astron. Gorki. Veränd. Sterne 4.353 (1934); 29 Beobachtungen] und von OOSTERHOFF [Bull. Astron. Obs. Harvard Coll. 900 (1935);

19 Maxima] beobachtet worden. In der Tab. 55 sind für die einzelnen Beobachter die aus den angegebenen Maxima gebildeten Normalmaxima aufgeführt mit ihren Gewichten nach Maßgabe der Anzahl der im Normalmaximum zusammengezogenen Maxima.

Tabelle 55

Normalmaxima

Normalmax.	Beob.	Gew.	E	B – R
241 4747.70	Par.	2	–1457	$+0^d.01$
8203.40	"	2	–1015	+0.18
242 0376.62	Oost.	3	– 737	+0.01
1877.56	"	1	– 545	–0.09
4770.78	"	2	– 175	+0.49
5067.14	"	5	– 137	–0.23
5754.99	"	3	– 49	–0.36
6138.40	Schn.	3	0	–0.03
6231.62	Oost.	1	+ 12	–0.73
6974.79	"	3	+ 107	–0.16
8429.36	Wa.	3	+ 293	+0.27
8804.45	"	1	+ 341	+0.10
9135.37	"	3	+ 391	+0.13

Aus den Abweichungen der Normalmaxima von den Elementen Parenagos: Max. $= 242\,6138.40 + 7^d.81786 \cdot E$ wurden durch Ausgleichung folgende neue, nur wenig geänderte Elemente gefunden:

$$\text{Max.} = 242\,6138.43 + 7^d.81794 \cdot E$$
$$\pm 8 \qquad \pm 15$$

Die Darstellung der Beobachtungen durch diese Elemente ist in Tab. 55 unter B – R gegeben. Mit diesen neuen Elementen wurden dann alle Beobachtungen auf einen Umlauf reduziert und zur folgenden mittleren Lichtkurve (Tab. 56) zusammengefaßt:

Tabelle 56

Mittlere Lichtkurve

Phase	m_{pg}	n	Phase	m_{pg}	n	Phase	m_{pg}	n	Phase	m_{pg}	n
$0^P.01$	$10^m.65$	6	$0^P.31$	$11^m.05$	8	$0^P.57$	$11^m.77$	6	$0^P.81$	$11^m.70$	5
0.05	10.68	6	0.37	11.43	7	0.58	11.80	5	0.83	11.67	5
0.11	10.98	6	0.41	11.52	6	0.62	11.78	6	0.85	11.41	5
0.15	10.99	6	0.44	11.58	5	0.67	11.85	5	0.88	11.23	6
0.17	10.92	6	0.47	11.68	5	0.72	11.84	5	0.92	10.98	4
0.23	10.97	5	0.53	11.70	7	0.77	11.77	6	0.98	10.70	4
0.27	11.01	5									

Der mittleren Lichtkuve entnehmen wir die in Tab. 57 angegebenen Daten:

Tabelle 57

Max. Helligkeit	$10^m.65$	Amplitude	$1^m.20$
Min. "	11.85	$(M-m)/P$	0.33

Der absteigende Ast der Lichtkurve zeigt eine stark ausgeprägte sekundäre Welle mit einem Maximum bei der Phase $0^P.22$.

Tabelle 58

Vergleichsterne

Bez.	$\Delta\alpha\cos\delta$	$\Delta\delta$	m_{pg}
a	$-16'.4$	$-6'.3$	$12^m.76$
b	-11.3	$+1.4$	12.91
c	$+1.5$	-6.0	13.02

19. **26.1938 Cyg** $19^h\,53^m.3$ $+28°\,1'$ (1855.0) Sp. –

Dieser Stern wurde 1938 von Suzuki und Huruhata in Astron. Nachr. 267.101 (1939) als wahrscheinlicher δ Cephei-Veränderlicher mit der Amplitude $11^m.4$ bis $12^m.3$ angezeigt. Weitere Beobachtungen sind nicht bekannt geworden.

Auf allen vorliegenden Platten weist der Stern nur geringfügige Helligkeitsschwankungen auf ($12^m.76$ bis $12^m.93$), die innerhalb der Beobachtungsgenauigkeit liegen. Der Stern ist somit unveränderlich und in der Liste der verdächtigen Sterne zu streichen.

Tabelle 59

Vergleichsterne

Bez.	$\Delta\alpha\cos\delta$	$\Delta\delta$	m_{pg}
a	$+2'.1$	$+7'.4$	$12^m.43$
b	-3.8	-1.3	12.93
c	$+3.0$	-3.4	13.26
d	-0.7	-3.0	13.46
e	$+0.8$	$+1.8$	13.90

20. **GI Cyg** $19^h\,53^m\,58^s$ $+33°\,20'.5$ (1855.0) Sp. –

Entdeckt wurde GI Cyg 1928 von C. Hoffmeister [Astron. Nachr. 234.36 (1929)]. Durch 70 visuelle Beobachtungen [Mitt. Sternw. Sonneberg Nr. 20 (1931)] hat er die Veränderlichkeit bestätigt und die Zugehörigkeit zum δ Cephei-Typus als wahrscheinlich ausgesprochen. 9 weitere vereinzelte Beobachtungen von Parenago [Ver. v. Freund. Astron. Gorki. Veränd. Sterne 4.307 (1934)] ergeben keinen Beitrag zur Klärung der Zugehörigkeit. In der zusammenfassenden Bearbeitung der Sonneberger Aufnahmen durch Ahnert in Kl. Veröff. Univ. Sternw. Berlin-Babelsberg Nr. 24 (1941) ist es ebenfalls nicht gelungen, den Veränderlichen eindeutig zu klassifizieren. AHNERT vermutet δ Cephei-Art mit den Lichtwechselgrenzen $12^m.6$ und $13^m.8$.

Die vorliegende Beobachtungsreihe bestätigt die Vermutung AHNERTS; es handelt sich um einen δ Cephei-Stern mit einer Periode von $5^d.78$. Mittels dieser genäherten Periode wurden 4 Normalmaxima gebildet (Tab. 60).

Tabelle 60

Normalmaxima

Normalmax.	E	B−R
242 8082.05	− 3	$-0^d.02$
8376.99	+ 48	+0.04
8706.50	+105	−0.03
9192.22	+189	0.00

Daraus folgen die Elemente:

$$\text{Max.} = 242\,8099.412 + 5^d.78204 \cdot E$$
$$\pm 21 \qquad \pm 27$$

mit der in der Tab. 60 angegebenen guten Darstellung der Beobachtungen. Nach Reduktion auf einen Umlauf und durch geeignete Zusammenfassung in Phase benachbarter Beobachtungen ergab sich die in Tab. 61 mitgeteilte mittlere Lichtkurve.

Tabelle 61

Mittlere Lichtkurve

Phase	m_{pg}	n	Phase	m_{pg}	n	Phase	m_{pg}	n	Phase	m_{pg}	n
$0^P.00$	$12^m.66$	7	$0^P.24$	$12^m.93$	5	$0^P.49$	$13^m.40$	5	$0^P.82$	$13^m.43$	5
0.03	12.65	5	0.28	13.12	5	0.52	13.50	5	0.86	13.17	6
0.07	12.72	5	0.32	13.11	6	0.55	13.44	6	0.90	12.98	5
0.12	12.77	5	0.36	13.27	5	0.60	13.47	7	0.92	12.79	3
0.16	12.85	5	0.38	13.30	6	0.65	13.71	5	0.95	12.79	3
0.18	12.86	5	0.43	13.25	6	0.71	13.67	7	0.98	12.61	3
0.20	12.95	6	0.47	13.40	5	0.76	13.52	6			

Der mittleren Lichtkurve entnehmen wir:

Tabelle 62

Max. Helligkeit	$12^m.65$	Amplitude	$1^m.05$
Min. ,,	13.70	$(M-m)/P$	0.35

21. **981.1935 Cyg** $19^h\ 53^m\ 59^s$ $+29°\ 42'.2$ (1855.0) Sp. –

981.1935 Cyg wurde von MORGENROTH in Astron. Nachr. **258**.265 (1936) als neuer kurzperiodischer Veränderlicher angezeigt. Amplitude: 14^m bis $14^m.5$.

Bei diesem Veränderlichen handelt es sich um die hellere Komponente eines Doppelsternes, wodurch die Genauigkeit der Schätzungen erheblich beeinflußt wird. Aus der graphischen Aufzeichnung der Beobachtungen läßt sich nicht mit Sicherheit auf die Art des Lichtwechsels schließen. Der Lichtanstieg bzw. -abstieg sowie die eigentliche Minimum-Phase haben eine Länge von mehr als 10^d, so daß, wenn der Lichtwechsel periodisch verläuft, die Periode $>30^d$ sein müßte. Eine die Beobachtungen befriedigende Periode konnte jedoch nicht gefunden werden. Wahrscheinlich handelt es sich um einen unregelmäßigen Veränderlichen mit kurzfristigen Helligkeitsschwankungen. Die Extremwerte der Helligkeiten liegen bei $13^m.3$ bzw. $13^m.9$.

Tabelle 63

Vergleichsterne

Bez.	$\Delta\alpha\cos\delta$	$\Delta\delta$	m_{pg}
a	−1′.3	−1′.5	$13^m.23$
b	−2.8	−2.3	13.46
c	−1.1	+0.7	13.73
d	−2.6	+0.4	13.87
e	−2.4	−1.3	14.36

22. **70.1939 Cyg** $19^h\ 55^m\ 4^s$ $+31°\ 26'.2$ (1855.0) Sp. B8

70.1939 Cyg wurde auf Bergedorfer Platten aufgefunden und im Beob. Zirk. Astron. Nachr. **22**.10 (1940) als neuer Bedeckungsveränderlicher mit einer Helligkeitsänderung von $11^m.6$ bis $12^m.6$ angezeigt. Aus der Gesamtbearbeitung der hier vorliegenden Platten ergaben sich zunächst die nachstehenden Minima der Tab. 65. Daraus folgen die Elemente:

$$\text{Min.} = 242\,8098.415 + 2^d.604284 \cdot E$$
$$\pm 41 \qquad \pm 74$$

Tabelle 64

Vergleichsterne

Bez.	$\Delta\alpha\cos\delta$	$\Delta\delta$	m_{pg}	Sp
a	+ 2′.6	−2′.9	$11^m.56$	F4
b	+11.1	−4.9	11.72	F3
c	+ 0.3	+1.6	11.99	A2
d	+ 3.0	+4.7	12.38	A4
e	+ 3.8	+4.1	12.72	—

Tabelle 65

Beobachtete Minima

Min.	E	B−R
242 8072.322	− 10	$-0^d.050$
8098.460	0	+0.045
8421.331	+124	−0.035
8775.438	+260	−0.091
8783.405	+263	+0.063
9192.272	+420	+0.058
9340.588	+477	−0.070

Die mit diesen Elementen gerechneten Phasen ergeben nach geeigneter Zusammenfassung in Phase benachbarter Beobachtungen die mittlere Lichtkurve der Tab. 66.

Tabelle 66

Mittlere Lichtkurve

Phase	m_{pg}	n	Phase	m_{pg}	n	Phase	m_{pg}	n	Phase	m_{pg}	n
0ᴾ001	12ᵐ43	3	0ᴾ305	11ᵐ88	5	0ᴾ562	11ᵐ99	4	0ᴾ805	11ᵐ88	5
0.024	12.47	2	0.332	11.86	6	0.574	11.99	5	0.848	11.88	4
0.072	12.13	5	0.362	11.90	5	0.610	11.91	5	0.880	11.87	7
0.131	11.88	5	0.395	11.91	6	0.629	11.91	5	0.906	11.94	4
0.157	11.87	5	0.426	11.98	5	0.660	11.85	5	0.927	12.08	4
0.175	11.85	5	0.457	12.07	4	0.703	11.84	5	0.942	12.18	3
0.198	11.84	5	0.508	12.19	3	0.735	11.80	4	0.951	12.17	3
0.232	11.84	5	0.535	12.09	3	0.774	11.82	5	0.974	12.38	3
0.274	11.85	5									

Aus dem Verlauf der mittleren Lichtkurve folgt, daß der Veränderliche vom Typus β Lyrae ist.

Tabelle 67

Max. Helligkeit	11ᵐ83	Amplitude I	0ᵐ62
Min. I ,,	12.45	,, II	0.36
,, II ,,	12.19	Spektrum	B8

23. **982.1935 Cyg** $19^h\ 55^m\ 15^s$ $+34°\ 50'.9$ (1855.0) Sp. –

Tabelle 68

Vergleichsterne

Bez.	$\Delta\alpha\cos\delta$	$\Delta\delta$	m_{pg}
a	−5′.4	−5′.9	13ᵐ39
b	+1.6	+1.1	13.47
c	−1.7	−2.4	13.83
d	+1.6	−0.4	14.08
e	+4.8	−3.0	14.49
f	+0.4	+1.2	14.92:

Dieser Stern wurde von Morgenroth in Astron. Nachr. **258**.265 (1936) als neuer Veränderlicher angezeigt. Weitere Beobachtungen sind nicht bekannt geworden.

Aus den vorliegenden Beobachtungen wurden insgesamt 10 Minima bestimmt (Tab. 69). Daraus leiten wir die folgenden Elemente ab:

$$\text{Min.} = 242\,8097.376 + 1^d\!.293825 \cdot E$$
$$\pm 15 \qquad\qquad \pm 24$$

Tabelle 69

Beobachtete Minima

Min.	E	B−R	Min.	E	B−R	Min.	E	B−R
242 5530.341	−1984	−0ᵈ086	242 8480.277	+ 296	−0ᵈ071	242 8775.402	+ 524	+0ᵈ062
8009.471	− 68	+0.085	8484.225	+ 299	−0.005	8806.329	+ 548	−0.063
8097.384	0	+0.008	8635.612	+ 416	+0.005	9193.249	+ 847	+0.003
8449.363	+ 272	+0.067						

Die Darstellung der beobachteten durch die berechneten Minima ist in der obigen Tabelle unter B—R gegeben. Durch geeignete Zusammenfassung benachbarter Beobachtungen nach Phase wurde dann aus dem gesamten Material eine mittlere Lichtkurve gebildet, die in der nachfolgenden Tab. 70 gegeben wird.

Tabelle 70

Mittlere Lichtkurve

Phase	m_{pg}	n	Phase	m_{pg}	n	Phase	m_{pg}	n	Phase	m_{pg}	n
0ᴾ002	14ᵐ49	4	0ᴾ240	13ᵐ48	6	0ᴾ530	13ᵐ51	4	0ᴾ705	13ᵐ46	6
0.037	14.22	2	0.269	13.45	6	0.562	13.48	5	0.738	13.45	5
0.055	13.76	4	0.307	13.46	6	0.577	13.49	6	0.786	13.47	6
0.066	13.62	4	0.365	13.46	6	0.604	13.49	6	0.836	13.47	6
0.082	13.56	3	0.415	13.48	4	0.627	13.46	6	0.871	13.45	5
0.144	13.46	5	0.457	13.61	4	0.652	13.46	5	0.920	13.55	4
0.166	13.45	5	0.493	13.55	4	0.686	13.48	6	0.952	14.16	3
0.192	13.46	5									

Es handelt sich also um einen Bedeckungsveränderlichen vom Algoltypus. Die Lichtkurve ist unsymmetrisch in bezug auf das Nebenminimum, und zwar liegt dieses um $0^{\mathrm{P}}.04 = 0^{\mathrm{d}}.05$ früher. Aus der mittleren Lichtkurve lesen wir fernerhin die in Tab. 71 aufgeführten Daten ab.

Tabelle 71

Max. Helligkeit	$13^{\mathrm{m}}.46$	Amplitude I	$1^{\mathrm{m}}.03$
Min. I ,,	14.49	,, II	0.15
Min. II ,,	13.61	*D*	$0^{\mathrm{d}}.31$

24. **71.1939 Cyg** $19^{\mathrm{h}}\,55^{\mathrm{m}}\,42^{\mathrm{s}}$ $+33°\,31'.7$ (1855.0) = BD + 33° 3690 ($8^{\mathrm{m}}.6$) Sp. Mc

71.1939 Cyg wurde von mir aufgefunden und im Beob. Zirk. Astron. Nachr. **22**.10 (1940) als neuer unregelmäßiger Veränderlicher angezeigt. Das Spektrum wurde in Übereinstimmung mit dem HDC zu Mc geschätzt. Die graphische Aufzeichnung der Schätzungen zeigt das typische Bild eines unregelmäßigen Veränderlichen. Allgemein erfolgt die Helligkeitsänderung ziemlich langsam mit einer maximalen Amplitude von $0^{\mathrm{m}}.9$ zwischen $8^{\mathrm{m}}.9$ und $9^{\mathrm{m}}.8$; jedoch zeigen sich auch geringere Schwankungen in kleineren zeitlichen Intervallen.

Tabelle 72
Vergleichsterne

Bez.	BD	m_{pg}	Sp.
a	+33° 3716	$8^{\mathrm{m}}57$	G5
b	+33 3708	8.78	B
c	+33 3699	9.04	Ao
d	+33 3702	9.30	—
f	+33 3703	9.90	—
e	+33 3686	10.27	—

25. **983.1935 Cyg** $19^{\mathrm{h}}\,56^{\mathrm{m}}\,45^{\mathrm{s}}$ $+30°\,22'.1$ (1855.0)

Dieser Stern wurde von Morgenroth [Astron. Nachr. **258**.265 (1936)] 1935 auf Sonneberger Platten aufgefunden und als neuer Bedeckungsveränderlicher mit einer Amplitude von 14^{m} bis $15^{\mathrm{m}}.5$ angezeigt. Auf keiner der vorliegenden Platten erreicht der Veränderliche die Plattengrenzhelligkeit und scheidet somit von der Bearbeitung aus. In der maximalen Helligkeit muß der Veränderliche schwächer als $15^{\mathrm{m}}.6$ sein, so daß die von Morgenroth angegebenen Helligkeitsgrenzen einer Korrektion von mindestens $1^{\mathrm{m}}.5$ bedürfen.

26. **CD Cyg** $19^{\mathrm{h}}\,58^{\mathrm{m}}\,53^{\mathrm{s}}$ $+33°\,41'.9$ (1855.0) = BD + 33° 3718 ($9^{\mathrm{m}}.1$) Sp. G6v

Dieser langperiodische δ Cephei-Stern wurde 1921 von Mackie auf Harvard-Platten aufgefunden. Eine zusammenfassende Bearbeitung aller bisher vorliegenden visuellen und photographischen Beobachtungen gibt Kukarkin [Ver. v. Freund. Astron. Gorki. Veränd. Sterne 4.107 (1933)]. Vergleichsternhelligkeiten wurden von Payne [Bull. Astron. Obs. Harvard Coll. 883 (1931)], Robinson [Ann. Astron. Obs. Harvard Coll. **90**.44 (1933)] und Kukarkin (l. c.) bestimmt. Sie geben die obige mangelhafte Übereinstimmung mit den Bergedorfer Helligkeiten. Abgesehen von einer Nullpunktskorrektion von im Mittel $+0^{\mathrm{m}}.55$ zeigt sich auch ein erheblicher Skalenfehler gegenüber den Harvard-Helligkeiten; bei Kukarkin verläuft dieser allerdings im entgegengesetzten Sinn, so daß die Bergedorfer Helligkeiten immerhin einiges Vertrauen genießen, zumal sie auf 4 in verschiedenen Nächten gemachten Übertragungen des Pols (jeweils 2 Belichtungen) beruhen.

Tabelle 73
Vergleichsterne

Bez.	$\Delta\alpha\cos\delta$	$\Delta\delta$	m_{pg}	Sp.	Δm (Wa-Ro)	(Wa-Pay)	(Wa-Kuk)
a	− 4'.4	+12'.1	$8^{\mathrm{m}}85$	G7	$+0^{\mathrm{m}}34$	$+0^{\mathrm{m}}26$	$+0^{\mathrm{m}}78$
b	+13.8	+ 5.1	9.66	A3	+0.48	+0.66	+0.28
c	− 3.5	+10.8	9.92	Ao		+0.62	
d	+ 2.8	+ 6.7	10.42	B9	+0.55	+0.78	+0.21
e	+ 4.3	+ 5.2	11.30	Ao	+0.76	+1.28	
				Mittel:	$+0^{\mathrm{m}}53$	$+0^{\mathrm{m}}72$	$+0^{\mathrm{m}}42$

Kukarkin findet $\mathrm{Max}_{pg} - \mathrm{Max}_{vis} = -0^{\mathrm{P}}.022$ und die Elemente:

$$\mathrm{Max}_{pg} = 2421500.702 + 17^{\mathrm{d}}.071492 \cdot E - 0^{\mathrm{d}}.365 \cdot 10^{-5} \cdot E^2.$$

Unter Verzicht auf die visuell beobachteten Maxima habe ich nebenstehende photographische Normalepochen gebildet (Tab. 74) und finde daraus nach Ausgleichung mit den oben angenommenen Gewichten:

$$\mathrm{Max}_{pg} = \underset{\pm 26}{2421500.99} + \underset{\pm 31}{17^{\mathrm{d}}.07055} \cdot E.$$

Tabelle 74
Normalmaxima

Normalmax.	Beob.	*E*	B—R	Gew.
241 6892^{d}022	Kukarkin	−270	$+0^{\mathrm{d}}078$	1
242 1501.035	Robinson	0	+0.043	3
8260.945	Wachmann	+396	+0.016	2
8960.700	,,	+437	−0.121	2

mit der angegebenen Darstellung der Normalmaxima. Mit diesen Elementen wurde folgende mittlere Lichtkurve abgeleitet (Tab. 75).

Tabelle 75
Mittlere Lichtkurve

Phase	m_{pg}	n	Phase	m_{pg}	n	Phase	m_{pg}	n	Phase	m_{pg}	n
$0^{P}.01$	$9^{m}.35$	4	$0^{P}.27$	$9^{m}.85$	7	$0^{P}.53$	$10^{m}.76$	7	$0^{P}.73$	$10^{m}.95$	7
0.05	9.41	6	0.30	10.10	6	0.55	10.75	7	0.78	10.74	6
0.09	9.50	6	0.35	10.25	7	0.59	10.92	7	0.85	10.48	4
0.13	9.58	6	0.39	10.23	8	0.63	11.05	7	0.89	10.55	4
0.19	9.75	7	0.43	10.35	7	0.67	10.97	6	0.95	10.24	5
0.23	9.92	7	0.48	10.46	8	0.69	10.89	6	0.96	9.99	4

Nachstehende Daten (Tab. 76) wurden der mittleren Lichtkurve entnommen:

Tabelle 76

	WACHMANN	KUKARKIN	ROBINSON
Max. Helligkeit	$9^{m}.35$	$9^{m}.38$	$9^{m}.03$
Min. „	10.96	10.79	10.79
Amplitude	1.61	1.41	1.46
$(M - m)/P$	0.35	0.33	0.35

Ihnen wurde zum Vergleich die entsprechenden Werte von KUKARKIN und ROBINSON hinzugefügt. Das Spektrum ändert sich von G0 bis K2.

27. **72.1939 Cyg** $19^{h}\,59^{m}\,32^{s}$ $+34°\,18'.2$ (1855.0) Sp. –

Tabelle 77
Vergleichsterne

Bez.	$\Delta\alpha\cos\delta$	$\Delta\delta$	m_{pg}
a	$-3'.5$	$-3'.7$	$13^{m}.88$
b	−0.7	+0.3	14.31
c	−3.4	+1.8	14.55
d	−3.8	+0.3	14.93:
e	−4.0	+0.5	15.19::

72.1939 Cyg gehört zu der Gruppe der hier neu aufgefundenen Veränderlichen [Beob. Zirk. Astron. Nachr. **22.**10 (1940)]. Die Gesamtbearbeitung bestätigt den vermuteten Bedeckungslichtwechsel, und zwar handelt es sich um einen Algolstern. Aus 6 festgelegten Minima folgen die Elemente:

$$\text{Min.} = 242\,8098.455 + 7^{d}.70568 \cdot E$$
$$\pm 86 \qquad \pm 119$$

mit der in der Tab. 78 gegebenen Darstellung.

Tabelle 78
Beobachtete Minima

Min.	E	B—R
242 8098.384	0	$-0^{d}.079$
8306.503	+27	−0.017
8337.461	+31	+0.088
8776.382	+88	−0.191
8784.470	+89	+0.191
8807.377	+92	−0.020

Nach Reduktion auf einen Umlauf ergibt sich die folgende mittlere Lichtkurve (Tab. 79).

Tabelle 79
Mittlere Lichtkurve

Phase	m_{pg}	n	Phase	m_{pg}	n	Phase	m_{pg}	n	Phase	m_{pg}	n
$0^{P}.000$	$[15^{m}.2$	3	$0^{P}.275$	$14^{m}.23$	6	$0^{P}.561$	$14^{m}.22$	5	$0^{P}.861$	$14^{m}.20$	5
0.022	[15.2	2	0.328	14.20	6	0.598	14.20	7	0.885	14.21	6
0.036	14.71	2	0.361	14.22	5	0.620	14.20	5	0.914	14.26	4
0.067	14.26	3	0.426	14.27	5	0.658	14.21	6	0.947	14.33	4
0.098	14.23	6	0.473	14.23	6	0.720	14.22	6	0.965	14.58	2
0.119	14.27	6	0.504	14.33	3	0.776	14.22	7	0.980	15.00	2
0.141	14.23	6	0.537	14.21	5	0.833	14.22	6	0.983	[15.2	3
0.201	14.23	6									

Der mittleren Lichtkurve entnehmen wir die in Tab. 80 aufgeführten Eigenheiten des Veränderlichen.

Tabelle 80

Max. Helligkeit	$14^{m}.22$	Amplitude I	$>1^{m}.0$
Min. I „	[15.2	„ II	0.11
Min. II „	14.33	D	$0^{P}.2 = 1^{d}.5$

Die Helligkeit im Hauptminimum kann nicht mit Sicherheit angegeben werden.

28. **V 447 Cyg** $20^h\,0^m\,28^s$ $+35°\,27'.6$ (1855.0) Sp. –

516.1936 Cyg wurde von C. HOFFMEISTER auf Sonneberger Platten aufgefunden [Astron. Nachr. **259**.47 (1936)]. Von VAN SCHEWICK werden 4 in Sonneberg beobachtete Minima in Kl. Veröff. Univ. Sternw. Berlin-Babelsberg Nr. 24 (1941) mitgeteilt. Er schließt auf einen algolartigen Lichtwechsel mit der Amplitude von $12^m.7$ bis $13^m.9$, jedoch werden Elemente nicht angegeben. Zu den SCHEWICKschen Minima treten nun noch 8 in Bergedorf beobachtete Minima hinzu, die die Ableitung der genäherten Periode $2^d.20$ möglich machten. Mit ihrer Hilfe konnten die Normalminima der Tab. 82 festgelegt werden.

Tabelle 81

Vergleichsterne

Bez.	$\Delta\alpha\cos\delta$	$\Delta\delta$	m_{pg}
a	+0′.9	+0.′3	$13^m.35$
b	+0.8	−0.8	13.61
c	−3.9	−0.2	14.00
d	−0.4	−1.4	14.50
e	−0.5	−0.5	14.71
f	−1.3	+0.3	15.37:

Sie ergeben die Elemente:

$$\text{Min.} = 242\,9250.222 + 2^d.205587 \cdot E$$
$$\pm 35 \qquad \pm 40$$

Tabelle 82

Normalminima

Normalmin.	Beob.	*E*	B—R
242 5761.008	v. SCHEWICK	−1582	$+0^d.025$
6442.456	,,	−1273	−0.054
8500.354	WACHMANN	− 340	+0.032
9250.201	,,	0	−0.022

Nach Reduktion auf einen Umlauf ergeben sich die in Tab. 83 angegebenen Normalpunkte der mittleren Lichtkurve.

Tabelle 83

Mittlere Lichtkurve

Phase	m_{pg}	*n*	Phase	m_{pg}	*n*	Phase	m_{pg}	*n*	Phase	m_{pg}	*n*
$0^P.003$	$14^m.98$	4	$0^P.319$	$13^m.57$	7	$0^P.603$	$13^m.52$	6	$0^P.821$	$13^m.52$	7
0.023	14.92	3	0.360	13.53	6	0.662	13.57	6	0.870	13.59	7
0.088	13.58	4	0.382	13.55	6	0.714	13.57	7	0.912	13.57	6
0.122	13.56	4	0.438	13.59	7	0.732	13.55	7	0.936	13.62	5
0.166	13.57	6	0.464	13.59	4	0.765	13.54	7	0.959	13.85	2
0.202	13.54	7	0.490	13.58	5	0.796	13.52	7	0.977	15.09	2
0.246	13.54	6	0.554	13.58	6						

Der mittleren Lichtkurve entnehmen wir die in Tab. 84 angeführten Eigenheiten des Veränderlichen.

Die Helligkeit im Hauptminimum ist nicht sehr gesichert, da im eigentlichen Minimum nur vereinzelt Beobachtungen vorhanden sind, die außerdem nahe der Plattengrenzhelligkeit liegen. Ein äußerst flaches Nebenminimum mit einer Amplitude von $0^m.03$ ist angedeutet. Es handelt sich um einen Bedeckungsveränderlichen vom Algoltypus. Auffällig ist die starke Abweichung der von VAN SCHEWICK angegebenen Lichtwechselgrenzen $12^m.7$ und $13^m.9$, die von meinen systematisch um etwa 1^m abweichen. Die von mir bestimmten Vergleichsternhelligkeiten sind durch mehrere Übertragungen des Eichfeldes 64 gesichert, so daß wahrscheinlich die Sonneberger Helligkeiten der Korrektion $+1^m$ bedürfen.

Tabelle 84

Max. Helligkeit	$13^m.55$
Min. I ,,	15.02:
Min. II ,,	13.58
Amplitude I	1.47:
,, II	0.03
D	$0^P.40$

29. **V 448 Cyg** $20^h\,0^m\,42^s$ $+34°\,58'.3$ (1855.0) BD $+34°\,3871$ ($8^m.3$) Sp. B3.

66.1939 Cyg wurde von mir 1939 aufgefunden und im Beob. Zirk. Astron. Nachr. **21**.136 (1939) als neuer heller Bedeckungsveränderlicher angezeigt. Erste Elemente stammen von J. ASHBROOK in den Publ. Astron. Soc. Pacific 53.313 (1941):

$$\text{Min.} = 242\,7959.72 + 6^d.51976 \cdot E$$
$$\pm 6 \qquad \pm 56$$

Tabelle 85

Vergleichsterne

Bez.	BD	m_{pg}	Sp.
a	+35° 3952 (7.5)	$7^m.82$	A0
b	+35 3987 (8.3)	8.34	B5
c	+35 3968 (9.2)	8.72	B8

In Bergedorf ist der Stern 9mal im Minimum beobachtet worden. In Verbindung mit den Elementen von ASHBROOK ergeben sich nachstehende Normalminima der Tab. 86, die unter Berücksichtigung von Gewichten nach Maßgabe der in einem Normalminimum zusammengefaßten Einzelminima ausgeglichen wurden.

Tabelle 86

Normalminima

Normalmin.	*E*	B—R
242 5097.511	−439	$-0^d.009$
7959.720	0	+0.022
8259.511	+ 46	−0.096
8807.306	+130	+0.038

Neue Elemente:

$$\text{Min.} = 242\,7959.698 + 6^d.51976 \cdot E$$
$$\pm 37 \qquad \pm 26$$

Damit ergeben sich die folgenden Normalpunkte der mittleren Lichtkurve (Tab. 87).

Tabelle 87
Mittlere Lichtkurve

Phase	m_{pg}	n	Phase	m_{pg}	n	Phase	m_{pg}	n	Phase	m_{pg}	n
$0^{P}.016$	$8^{m}.53$	1	$0^{P}.186$	$8^{m}.09$	5	$0^{P}.450$	$8^{m}.19$	4	$0^{P}.792$	$8^{m}.10$	5
0.035	8.37	2	0.233	8.09	6	0.504	8.22	4	0.810	8.10	5
0.050	8.26	2	0.270	8.08	6	0.535	8.24	5	0.851	8.13	5
0.077	8.15	5	0.323	8.11	6	0.567	8.21	5	0.885	8.14	6
0.095	8.11	4	0.369	8.10	5	0.593	8.16	4	0.926	8.19	3
0.112	8.15	5	0.396	8.11	6	0.651	8.15	6	0.942	8.24	5
0.126	8.12	5	0.415	8.14	5	0.690	8.10	6	0.949	8.25	3
0.156	8.12	5	0.427	8.20	4	0.759	8.08	5	0.960	8.44	5

Tabelle 88

Max. Helligkeit	$8^{m}.08$	Amplitude I	$0^{m}.48$:
Min. I „	8.56:	„ II	0.16
Min. II „	8.24	Spektrum	B3

66.1939 Cyg gehört danach der Klasse der β Lyrae-Sterne an. In der Tab. 88 sind die Eigenheiten des Veränderlichen zusammengestellt.

Da die Beobachtungen im eigentlichen Minimum zu wenig zahlreich sind, läßt es sich nicht mit Sicherheit entscheiden, ob das Minimum eine konstante Phase besitzt.

Tabelle 89
Vergleichsterne

Bez.	$\Delta\alpha\cos\delta$	$\Delta\delta$	m_{pg}
a	$-10'.6$	$+5'.6$	$11^{m}.39$
b	-3.7	$+2.9$	11.55
c	-4.4	$+6.9$	12.05
d	$+0.5$	$+2.4$	12.49
e	$+2.3$	$+5.4$	12.77
	-0.3	$+4.2$	12.93

30. **73.1939 Cyg** $20^{h}\,0^{m}\,51^{s}$ $+32°\,55'.1$ (1855.0) Sp. –

Dieser Stern wurde von mir im Beob. Zirk. Astron. Nachr. **22**.10 (1940) als neuer unregelmäßiger Veränderlicher angezeigt. Es ist sehr schwierig, den Veränderlichen auf Grund der vorliegenden Beobachtungen in eine der bestehenden Klassen einzuordnen. In dem Bereich 242 8007—8880 scheint unregelmäßiger Lichtwechsel vorzuliegen, jedoch erschwert die für diesen Fall geringe Anzahl von Beobachtungen eine einwandfreie Entscheidung. In dem Zeitintervall 242 9000—9371 sprechen die Beobachtungen für einen Lichtwechsel nach Art von RV Tauri mit einer Periode von 122^{d}. Einzelne in dem ersten Zeitabschnitt beobachtete Minima scheinen dieser Deutung nicht zu widersprechen. Die Amplitude beträgt in den extremen Fällen $1^{m}.0$, und zwar von $11^{m}.5$ bis $12^{m}.5$.

Tabelle 90
Vergleichsterne

Bez.	BD	m_{pg}	Sp.
a	$+35°$ 3952 ($7^{m}.5$)	7.79	A0
b	+35 3987 (8.3)	8.34	B5
c	+35 3973 (9.2)	8.72	B8

31. **65.939 Cyg** $20^{h}\,1^{m}\,8^{s}.1$ $+35°\,19'.5$ (1855.0) = BD + 35° 3964 ($8^{m}.0$) Sp. B6

65.1939 Cyg wurde hier aufgefunden und im Beob. Zirk. Astron. Nachr. **21**.136 (1939) als neuer Veränderlicher angezeigt. Die dort angegebene Amplitude ist zu groß; nach genauer Bestimmung der Vergleichsternhelligkeiten beträgt diese nur etwa $0^{m}.3$, und zwar von $8^{m}.12$ bis $8^{m}.38$. Die Schätzungen der bei 30^{m} Belichtung überexponierten Bilder sind sehr schwierig. Es war daher geplant, diesen Stern durch kurze Serienaufnahmen zu verfolgen. Diese Aufnahmen konnten aber bislang nicht ausgeführt werden. Eine Bestätigung des Lichtwechsels von anderer Seite ist daher dringend erwünscht. Es handelt sich mit großer Wahrscheinlichkeit um einen Bedeckungsveränderlichen.

Tabelle 91
Vergleichsterne

Bez.	$\Delta\alpha\cos\delta$	$\Delta\delta$	m_{pg}	Sp.
a	$-5'.8$	$-12'.2$	$8^{m}.84$	A0
b	$+7.0$	$+10.0$	9.46	G7
c	-8.7	-1.7	9.53	G4
d	$+1.9$	-2.8	9.65	A0
e	$+1.1$	$+11.2$	10.36	G6

32. **KR Cyg** $20^{h}\,3^{m}\,16^{s}.7$ $+30°\,7'.8$ (1855.0) = BD + 30° 3915 ($9^{m}.1$) Sp. A0

Diesen Veränderlichen vom β Lyrae-Typus hat Schneller in Babelsberg entdeckt [Astron. Nachr. **242**.180 (1931)]. Eine umfangreiche visuelle Beobachtungsreihe mit einem Keilphotometer (1225 Beob.) und eingehende Bearbeitung stammt von Lassovsky [Astron. Nachr. **258**.93 (1936)]. Dort sind auch die abgeleiteten photometrischen Systemkonstanten gegeben. Hnatek [Astron. Nachr. **261**.361 (1937)] hat dann in seiner Arbeit über die Randverdunkelung bei Bedeckungsveränderlichen diese gut fundierte Lichtkurve benutzt, um daraus den Randverdunkelungskoeffizienten $u = (I_0 - I_{1/2\pi})/I_0$ zu bestimmen. Für u findet er den Wert 0.68.

Da die von LASSOVSKY angegebenen Elemente meine Beobachtungen nicht mehr ganz befriedigend darstellen, habe ich aus allen zur Verfügung stehenden Daten Normalminima gebildet und daraus die neuen Elemente abgeleitet:

$$\text{Min.} = 2427245.365 + 0^d\!.8451516 \cdot E$$
$$\pm 4 \qquad \pm 31$$

mit der in der Tab. 92 gegebenen Darstellung.

Tabelle 92

Normalminima

Normalminima	Beobachter	E	B—R
242 5700.423	SCHNELLER	−1828	−0ᵈ005
6120.486	,,	−1331	+0.018
6298.774	,,	−1120	−0.021
6447.531	,,	− 944	−0.011
7245.374	LASSOVSKY	0	+0.009
8074.466	WACHMANN	+ 981	+0.007
8380.417	,,	+1343	+0.013
8545.210	,,	+1538	+0.002
8806.364	,,	+1847	+0.004
9143.578	,,	+2246	+0.003
9230.604	,,	+2349	−0.022

Diese Elemente wurden der Berechnung der mittleren Lichtkurve der vorliegenden Beobachtungsreihe zugrunde gelegt (Tab. 93).

Tabelle 93

Mittlere Lichtkurve

Phase	m_{pg}	n	Phase	m_{pg}	n	Phase	m_{pg}	n	Phase	m_{pg}	n
0ᴾ033	9ᵐ86	2	0ᴾ297	9ᵐ49	7	0ᴾ586	9ᵐ51	6	0ᴾ882	9ᵐ50	7
0.045	9.66	3	0.355	9.50	7	0.633	9.52	7	0.906	9.51	6
0.076	9.58	4	0.391	9.51	7	0.712	9.49	7	0.940	9.56	3
0.115	9.53	5	0.447	9.52	5	0.747	9.48	7	0.966	9.71	4
0.173	9.50	7	0.476	9.53	5	0.769	9.49	6	0.977	9.78	4
0.200	9.47	6	0.516	9.55	5	0.800	9.50	7	0.986	9.93	2
0.230	9.50	7	0.538	9.54	6	0.849	9.50	7	0.995	9.98	2
0.264	9.48	6									

Aus der mittleren Lichtkurve folgen die in Tab. 94 aufgeführten Daten, denen zum Vergleich die entsprechenden Werte der anderen Beobachter beigefügt wurden.

Die Übereinstimmung ist nicht sonderlich zufriedenstellend. Wahrscheinlich liegt bei mir ein Skalenfehler in den Vergleichsternhelligkeiten vor.

Tabelle 94

	WACHMANN	SCHNELLER	LASSOVSKY
Max. Helligkeit	9ᵐ49	8ᵐ97	9ᵐ02
Min. I ,,	9.98	9.65	9.67
Min. II ,,	9.55	9.2	9.16
Amplitude I	0.49	0.68	0.65
,, II	0.06	0.23	0.14

33. **Prager 5299** 20ʰ 3ᵐ 45ˢ +34° 56′.2 (1855.0) = BD + 34° 3887 Sp. –

Dieser Stern gehört zu den vermißten BD-Sternen [ZINNER: Die vermißten Sterne. Astron. Nachr. 260.17 (1936)]. ZINNER macht über diesen Stern die folgenden Angaben:

„b = 0°, Ampl. 3ᵐ2, FI + 0ᵐ8, 1. Max. 1856 8ᵐ7 vis.; 1894 13ᵐ pg; 2. Max. 1904 9ᵐ50 vis. mit rascher Abnahme bis 11ᵐ9 vis. In Bonn als 9ᵐ5—9ᵐ2 1851 Okt. 29 am Meridiankreis, als 9ᵐ0 1856 Aug. 2, als 9ᵐ5 1857 Sept. 29, als 9ᵐ2 wohl 1857 Dez. 1 am Heliometer beobachtet, wozu noch eine Beob. mit 9ᵐ5 nicht vor 1857 kommt. Von E. C. PICKERING 1904 abnehmend von 9ᵐ50—11ᵐ24 visuell gemessen. Im Ortsbereich (+4ˢ6 — 1′.4) ein Stern 11ᵐ9 vis. 1936 gemäß ZINNER; 11ᵐ0 vis. (verbessert 13ᵐ pg) auf Po pg 614 (1894) Nr. 911 und auf Uccle +35°135 (1912) und 134 (1929); 12ᵐ5—12ᵐ9 pg mit gelegentlichem Aufleuchten auf 88 Bamberger Aufnahmen von 1930—1935."

Der von ZINNER angegebene, von E. C. PICKERING beobachtete Helligkeitsabfall ist keineswegs gesichert, da PICKERING selber die Beobachtung 1904 Sept. 15 verwirft. Auf der 2 Monate vorher gemachten WOLF-PALISA-Aufnahme zeigt der Stern die photographische Helligkeit 12ᵐ4; ebenfalls auf einer Harvard-Platte 1903 Febr. 23. Diese photographische Normalhelligkeit besitzt der Stern ferner auf allen vorliegenden Bergedorfer Platten in dem Zeitraum 1935 Juli—1939 April und einigen gelegentlichen älteren Aufnahmen. Eine geringfügige, 0ᵐ2 nicht überschreitende Helligkeitsschwankung liegt innerhalb der Schätzgenauigkeit und ist daher nicht zu verbürgen. Allem Anschein nach ist der von ZINNER mit BD + 34° 3887 identifizierte Stern unveränderlich.

Tabelle 95

Vergleichsterne

Bez.	$\Delta\alpha\cos\delta$	$\Delta\delta$	m_{pg}
a	+3′.0	−0′.7	11ᵐ89
b	−2.9	−4.2	12.33
c	+5.0	+3.3	12.67

Tabelle 96

Vergleichsterne

Bez.	$\Delta\alpha\cos\delta$	$\Delta\delta$	m_{pg}	Sp.
a	−9′.3	−4′.7	12ᵐ43	F8
b	−6.8	−4.3	12.78	A2
c	+0.2	−0.7	13.14	G-K
d	+5.5	+4.1	13.40	A5:
e	+2.0	+4.1	13.56	A-F:

34. **74.1939 Cyg** $20^h\,3^m\,49^s$ $+29°\,57'.7$ (1855.0) Sp. F3:

74.1939 Cyg wurde hier aufgefunden und im Beob. Zirk. Astron. Nachr. **22**.10 (1940) als neuer Bedeckungsveränderlicher angezeigt. Beobachtungen von anderer Seite liegen nicht vor. Zur Bestimmung der Lichtwechselelemente standen in der vorliegenden Beobachtungsreihe insgesamt 20 Minima (Tab. 97) zur Verfügung, wobei allerdings zu beachten ist, daß diese in der Mehrzahl der Fälle nur auf einer einzigen Beobachtung beruhen.

Tabelle 97

Beobachtete Minima

Min.	*E*	B−R	Min.	*E*	B−R	Min.	*E*	B−R	Min.	*E*	B−R
242 8096.277	−1961	+0ᵈ032	242 8426.367	−1372	−0ᵈ020	242 8334.445	−644	+0ᵈ004	242 9194.266	− 2	−0ᵈ024
8097.384	−1959	+0.018	8449.363	−1331	−0.005	8847.327	−621	−0.005	9195.426	0	+0.015
8098.460	−1957	−0.027	8545.235	−1160	+0.019	8860.223	−598	−0.001	9249.210	+ 96	−0.010
8339.492	−1527	−0.016	8783.405	− 735	−0.029	8865.296	−589	+0.027	9340.588	+259	+0.004
8421.331	−1381	−0.012	8784.573	− 733	+0.018	9135.447	−107	+0.011	9372.531	+316	−0.002

Daraus bestimmen sich die Elemente:

$$\text{Min.} = 242\,9195.411 + 0^d.560513 \cdot E$$
$$\pm 2 \qquad\qquad \pm 6$$

mit denen nach Reduktion auf einen Umlauf aus den Beobachtungen die folgende mittlere Lichtkurve (Tab. 98) gewonnen wurde.

Tabelle 98

Phase	m_{pg}	*n*	Phase	m_{pg}	*n*	Phase	m_{pg}	*n*	Phase	m_{pg}	*n*
0ᴾ002	13ᵐ27	4	0ᴾ207	12ᵐ63	5	0ᴾ476	12ᵐ91	6	0ᴾ771	12ᵐ66	7
0.029	13.23	5	0.264	12.65	7	0.516	13.04	4	0.812	12.70	7
0.058	13.10	5	0.294	12.65	6	0.564	12.87	5	0.851	12.67	6
0.089	12.89	5	0.334	12.67	7	0.589	12.83	6	0.901	12.93	4
0.125	12.78	6	0.384	12.84	5	0.612	12.75	6	0.938	13.03	4
0.152	12.71	5	0.419	12.87	5	0.655	12.76	7	0.956	13.14	4
0.184	12.69	6	0.439	12.92	6	0.717	12.65	6	0.985	13.33	4

Der mittleren Lichtkurve entnehmen wir die in Tab. 99 angeführten Eigenheiten des Veränderlichen.

Tabelle 99

Max. Helligkeit	12ᵐ65	Amplitude I	0ᵐ65
Min. I ,,	13.30	,, II	0.35
Min. II ,,	13.00	Spektrum	F3:
		Art	*β* Lyrae

Tabelle 100

Vergleichsterne

Bez.	$\Delta\alpha\cos\delta$	$\Delta\delta$	m_{pg}
a	− 3′.4	−5′.9	11ᵐ63
b	− 1.5	−5.7	11.85
c	− 3.7	−3.2	12.17
d	−12.1	−2.5	12.43
c	− 9.6	−2.1	12.78
f	− 2.6	+1.5	13.14

35. **75.1939 Cyg** $20^h\,4^m\,2^s$ $+29°\,55'.5$ (1855.0) Sp. —

75.1939 Cyg, der hier 1939 aufgefunden wurde [Beob. Zirk. Astron. Nachr. **22**.10 (1940)], ist ein typischer Vertreter der Klasse der unregelmäßigen Veränderlichen. Die Helligkeitsschwankungen betragen in den extremen Fällen etwa 1ᵐ, von 12ᵐ0 bis 13ᵐ0. In dem Zeitintervall 242 8007—8480 zeigt der Stern ein sehr unruhiges Verhalten mit verschieden hohen bzw. tiefen Maxima und Minima. Ein besonders ausgeprägtes Maximum liegt bei 242 8310. Danach sinkt die Helligkeit langsam auf etwa 12ᵐ8, um dann bis zum Schluß der Beobachtungsreihe bei 242 9372, abgesehen von kleineren, 0ᵐ3 nicht überschreitenden Helligkeitsschwankungen, in einer nahezu konstanten Helligkeit zu verweilen.

36. **76.1939 Cyg** $20^h\,4^m\,11^s + 30°\,56'.6$ (1855.0) Sp. –

76.1939 Cyg wurde von mir im Beob. Zirk. Astron. Nachr. **22**.10 (1940) als neuer Bedeckungsveränderlicher angezeigt. Zur Bestimmung der Lichtwechselelemente lagen aus den Beobachtungen insgesamt 10 Minima vor. Damit ergeben sich die Elemente:

$$\text{Min.} = 2428097.381 + 1^d\!.140252 \cdot E$$
$$\pm 14 \qquad \pm 20$$

Tabelle 101

Vergleichsterne

Bez.	$\Delta\alpha\cos\delta$	$\Delta\delta$	m_{pg}
a	−2'.8	+0'.1	$12^m\!.91$
b	−1.6	−1.6	13.23
c	+1.0	−4.0	13.30
d	+2,6	+1.6	13.63
e	+8.8	+1.0	13.89

Tabelle 102

Beobachtete Minima

Min.	*E*	B—R	Min.	*E*	B—R
242 8097.384	0	$+0^d\!.003$	242 8860.223	+ 669	$+0^d\!.013$
8366.470	+236	−0.011	9073.467	+ 856	+0.030
8422.331	+285	−0.022	9170.361	+ 941	+0.003
8635.612	+472	+0.032	9195.426	+ 963	−0.018
8804.324	+620	−0.013	9251.297	+1012	−0.019

mit der in der Tab. 102 angeführten Darstellung. Nach Reduktion auf einen Umlauf und Zusammenfassung in Phase benachbarter Beobachtungen folgt die mittlere Lichtkurve der Tab. 103.

Tabelle 103

Mittlere Lichtkurve

Phase	m_{pg}	*n*	Phase	m_{pg}	*n*	Phase	m_{pg}	*n*	Phase	m_{pg}	*n*
$0^P\!.004$	$13^m\!.66$	4	$0^P\!.279$	$13^m\!.13$	7	$0^P\!.502$	$13^m\!.41$	4	$0^P\!.807$	$13^m\!.16$	6
0.027	13.49	4	0.315	13.14	7	0.556	13.16	5	0.860	13.19	7
0.039	13.36	4	0.344	13.21	6	0.610	13.18	6	0.889	13.16	6
0.058	13.25	3	0.386	13.18	6	0.647	13.14	6	0.912	13.17	5
0.078	13.23	6	0.406	13.19	5	0.672	13.13	6	0.932	13.20	4
0.118	13.17	6	0.450	13.38	4	0.713	13.12	6	0.966	13.43	4
0.154	13.16	7	0.472	13.53	4	0.764	13.13	7	0.984	13.66	4
0.220	13.11	6									

In Tab. 104 sind die Eigenheiten des Veränderlichen zusammengestellt, wie wir sie der mittleren Lichtkurve entnehmen können.

Die Lichtkurve verläuft in der maximalen Helligkeit schwach gekrümmt. Somit handelt es sich um einen Bedeckungsveränderlichen vom β Lyrae-Typus. Das Nebenminimum liegt nicht symmetrisch zu den Hauptminima, sondern tritt um $0^P\!.03 = 0^d\!.03$ früher ein.

Tabelle 104

Max. Helligkeit	$13^m\!.12$
Min. I ,,	13.66
Min. II ,,	13.53
Amplitude I	0.54
,, II	0.41

37. **V 345 Cyg** $20^h\,4^m\,21^s$ $+30°\,3'.4$ (1855.0) Sp. A1

V 345 Cyg wurde 1932 von Beljawsky entdeckt und in Ver. v. Freund. Astron. Gorki. Veränd. Sterne 4.23 (1932) als Bedeckungsveränderlicher mit einer Amplitude von $11^m\!.7$ bis $12^m\!.8$ angezeigt. Parenago findet den Stern auf 29 Platten in der gleichen Helligkeit [Ver. v. Freund. Astron. Gorki. Veränd. Sterne 4.134 (1932)].

Die Schätzungen auf Bergedorfer und Sonneberger Platten gestatten die Festlegung der in Tab. 106 mitgeteilten Minima.

Tabelle 105

Vergleichsterne

Bez.	$\Delta\alpha\cos\delta$	$\Delta\delta$	m_{pg}	Sp.
a	−12'.2	+2'.8	$11^m\!.16$	A0
b	+10.7	+4.2	11.38	A5
c	+ 5.3	+5.2	11.75	F8
d	+ 0.8	+1.6	11.83	—
e	+ 1.5	+1.8	12.12	—

Tabelle 106

Beobachtete Minima

Min.	Pl.	*E*	B—R	Min.	Pl.	*E*	B—R	Min.	Pl.	*E*	B—R
242 6595.368	Bgd	−983	$-0^d\!.003$	242 8635.612	Bgd	0	$+0^d\!.010$	242 9073.467	Bgd	+211	$-0^d\!.069$
7695.362	So	−453	−0.042	8847.327	,,	+102	+0.022	9075.500	So	+212	−0.111
8081.466	Bgd	−267	+0.027	8876.345	,,	+116	−0.017	9785.469	,,	+554	+0.032
8332.467	,,	−146	−0.110	9017.533:	,,	+184	+0.036	243 0200.508	,,	+754	−0.032
8542.219	,,	− 45	+0.015	9071.468	So	+210	+0.008				

Diese ergeben durch Ausgleichung die Elemente:

$$\text{Min.} = 2428635.568 + 2^{d}.075515 \cdot E$$
$$\pm 14 \qquad \pm 34$$

und damit die in Tab. 107 aufgeführte mittlere Lichtkurve.

Tabelle 107

Mittlere Lichtkurve

Phase	m_{pg}	n	Phase	m_{pg}	n	Phase	m_{pg}	n	Phase	m_{pg}	n
0P018	11m77	3	0P261	11m32	6	0P633	11m30	7	0P770	11m30	8
0.030	11.57	3	0.286	11.29	6	0.657	11.29	7	0.796	11.28	8
0.092	11.28	6	0.330	11.31	8	0.672	11.30	7	0.836	11.28	6
0.130	11.28	5	0.365	11.25	7	0.694	11.30	8	0.865	11.27	5
0.170	11.28	8	0.409	11.27	5	0.717	11.27	7	0.924	11.33	3
0.193	11.29	7	0.474	11.32	5	0.744	11.29	8	0.973	11.64	2
0.229	11.28	7	0.588	11.30	4						

Tabelle 108

Max. Helligkeit	11m27
Min. „	11.77
Amplitude	0.50
D	0d38

Der mittleren Lichtkurve entnehmen wir die in Tab. 108 angeführten Eigenheiten des Veränderlichen.

In der Nähe des Nebenminimums sind die Beobachtungen so wenig zahlreich bzw. infolge der Kommensurabilität der Periode mit 1d gar nicht vorhanden, daß es unmöglich ist, festzustellen, ob überhaupt ein solches vorliegt. Das Spektrum wurde auf einer vorhandenen Spektralaufnahme zu A1 geschätzt.

38. **RY Cyg** $20^h 4^m 56^s$ $+35° 31'.2$ (1855.0) = BD + 35° 4002 Sp. Nb

Dieser wahrscheinlich unregelmäßig Veränderliche steht nahe dem Plattenrand und ist photographisch sehr schwach. Das durch den späten Spektraltyp Nb bedingte außerordentlich verwaschene Aussehen läßt Schätzungen mit den scharfen Vergleichsternbildern nicht zu. Der Stern schied somit von der Bearbeitung aus.

Tabelle 109

Vergleichsterne

Bez.	$\Delta\alpha\cos\delta$	$\Delta\delta$	m_{pg}
a	−0.1	+2.1	14m32
b	+0.3	+0.8	14.81
c	−0.6	+1.9	15.26

39. **522.1936 Cyg** $20^h 5^m 11^s$ $+35° 9'.7$ (1855.0) Sp. –

522.1936 Cyg wurde von C. Hoffmeister 1936 aufgefunden und die Veränderlichkeit in Astron. Nachr. **259**.47 (1936) angezeigt. Er reiht ihn in die Klasse der Algolsterne und findet eine Amplitude von 15^m bis 16^m pg. Der Veränderliche ist nur auf einem Teil der Sonneberger Aufnahmen zu beobachten, da er sich unmittelbar am Plattenrand befindet. Van Schewick [Kl. Veröff. Univ. Sternw. Berlin-Babelsberg Nr. 24 (1941)] findet daraus kurzperiodischen Lichtwechsel mit einer photographischen Amplitude von 15m1 bis 15m8.

Auch auf den vorliegenden Bergedorfer Platten sind die Schätzungen der Helligkeiten des Veränderlichen infolge der durch die Nähe zum Plattenrand bedingten Lichtschwäche mit einer erheblichen Unsicherheit behaftet. Immerhin gelang die Festlegung nebenstehender Minima (Tab. 110). Daraus folgen die Elemente:

Tabelle 110

Beobachtete Minima

Min.	E	B—R	Min.	E	B—R
242 8656.529	−150	−0d057	242 9160.369	− 3	+0d176
8776.382	−115	−0.110	9170.441	0	−0.030
8783.405	−113	+0.061	9194.416	+ 7	−0.036
8807.377	−106	+0.052	9249.230	+23	−0.037

$$\text{Min.} = 2429170.471 + 3^{d}.42590 \cdot E$$
$$\pm 46 \qquad \pm 29$$

Im Hinblick auf die Unsicherheit der Beobachtungen ist die Darstellung durch die Rechnung befriedigend, wenn man bedenkt, daß die beobachteten Minima in den meisten Fällen nur durch eine Beobachtung nahe dem Minimum belegt sind. Mit diesen Elementen wurden dann alle Beobachtungen auf einen Umlauf reduziert und zu der in der Tab. 111 gegebenen mittleren Lichtkurve zusammengefaßt.

Tabelle 111

Mittlere Lichtkurve

Phase	m_{pg}	n	Phase	m_{pg}	n	Phase	m_{pg}	n	Phase	m_{pg}	n
$0^{P}.016$	$15^{m}.26$	2	$0^{P}.286$	$14^{m}.53$	7	$0^{P}.514$	$14^{m}.69$	6	$0^{P}.870$	$14^{m}.69$	6
0.039	15.03	5	0.340	14.58	8	0.596	14.63	6	0.913	14.56	5
0.066	14.76	4	0.370	14.50	8	0.662	14.61	8	0.957	15.02	3
0.105	14.59	6	0.411	14.65	8	0.734	14.67	8	0.983	15.15	3
0.143	14.54	8	0.457	14.55	7	0.802	14.60	7	0.992	15.24	3
0.222	14.58	7									

Ihr entnehmen wir die folgenden Daten der Tab. 112.

Der Stern ist ein Bedeckungsveränderlicher vom Algoltypus. Die konstante Maximumphase ist nach dem Hauptminimum um $0^{m}.07$ heller als nach dem Nebenminimum. Das Nebenminimum scheint etwas verschoben gegenüber der Mitte zwischen den Hauptminima, und zwar nach größeren Phasen.

Tabelle 112

Max. Hell. nach Hauptmin.	$14^{m}.54$
Max. „ „ Nebenmin.	14.61
Hauptmin. Helligkeit	15.26
Nebenmin. „	14.69
Amplitude I	0.72
„ II	0.15 : :
D	$0^{d}.68$

40. **77.1939 Cyg** $20^{h}\,5^{m}\,29^{s}$ $+35°\,1'.3$ (1855.0) Sp. –

77.1939 Cyg gehört zu den hier aufgefundenen Veränderlichen (l. c.). Der Lichtwechsel verläuft in den Grenzen $13^{m}.8$ und $14^{m}.6$ mit einer Amplitude von $0^{m}.8$. Es ist bislang nicht gelungen, eine alle Beobachtungen befriedigende Periode abzuleiten. Aus der Häufigkeitsverteilung der beobachteten Helligkeiten und dem Vergleich mit Standardkurven scheint die Zugehörigkeit zur Klasse der β Lyrae-Veränderlichen gesichert. Die Periode ist wahrscheinlich $< 1^{d}$.

Tabelle 113

Vergleichsterne

Bez.	$\Delta\alpha\cos\delta$	$\Delta\delta$	m_{pg}
a	$+4'.9$	$+0'.6$	$14^{m}.54$
b	−2.6	−2.4	13.80
c	+5.1	−2.4	14.17
d	+2.4	−2.4	14.55
e	+1.6	+0.2	15.02

41. **984.1935 Cyg** $20^{h}\,5^{m}\,44^{s}$ $+34°\,59'.0$ (1855.0) Sp. –

984.1935 Cyg wurde von MORGENROTH auf Sonneberger Platten entdeckt und in Astron. Nachr. **258**.265 (1936) als neuer kurzperiodischer Veränderlicher mit den Lichtwechselgrenzen $14^{m}.5$ und 15^{m} angezeigt. Weitere Beobachtungen dieses Sternes sind nicht bekanntgeworden.

Nach den vorliegenden Beobachtungen ist der Stern ein δ Cephei-Veränderlicher. Mittels genäherter Elemente wurden 4 Normalmaxima (Tab. 115) gebildet.

Durch Ausgleichung ergeben sich damit die Elemente:

$$\text{Max.} = 242\,8096.364 + 7^{d}.58017 \cdot E$$
$$\pm 16 \qquad\quad \pm 19$$

mit der in Tab. 115 angegebenen Darstellung. Mit diesen Elementen sind alle Beobachtungen zu der mittleren Lichtkurve der Tab. 116 vereinigt.

Tabelle 114

Vergleichsterne

Bez.	$\Delta\alpha\cos\delta$	$\Delta\delta$	m_{pg}
a	$+1'.7$	$+1'.4$	$13^{m}.49$
b	−5.8	−0.2	13.80
c	+1.9	−0.2	14.17
d	−0.8	−0.2	14.55
e	−1.6	+2.4	15.02

Tabelle 115

Normalmaxima

Normalmax.	E	B—R
242 8088.77	− 1	$-0^{d}.01$
8384.43	+ 38	+0.02
8710.34	+ 81	−0.02
9142.43	+138	0.00

Tabelle 116

Mittlere Lichtkurve

Phase	m_{pg}	n	Phase	m_{pg}	n	Phase	m_{pg}	n	Phase	m_{pg}	n
$0^{P}.00$	$13^{m}.60$	6	$0^{P}.27$	$13^{m}.86$	6	$0^{P}.58$	$14^{m}.38$	7	$0^{P}.81$	$14^{m}.10$	6
0.06	13.64	5	0.31	14.07	6	0.64	14.32	6	0.85	14.04	6
0.10	13.70	6	0.37	14.03	7	0.67	14.38	6	0.88	13.77	6
0.13	13.72	6	0.40	14.10	7	0.70	14.45	6	0.93	13.73	5
0.15	13.75	6	0.44	14.24	6	0.73	14.35	7	0.98	13.60	4
0.20	13.79	6	0.53	14.29	6	0.77	14.28	7			

Der mittleren Lichtkurve entnehmen wir die in Tab. 117 aufgeführten Daten.

Tabelle 117

Max. Helligkeit	13^m60
Min. „	14.39
Amplitude	0.79
$(M - m)/P$	0.31

Die Lichtkurve verläuft ziemlich glatt ohne sekundäre Wellen.

42. **V 430 Cyg** $20^h 5^m 58^s$ $+35° 16'.7$ (1855.0) Sp. –

Bei diesem von C. HOFFMEISTER in Astron. Nachr. **259**.47 (1936) angezeigten neuen Veränderlichen handelt es sich um einen roten Stern, dessen Einschätzung in die Vergleichsternsequenz dadurch stark erschwert wird. Hinzu kommt, daß auf meinen Platten der Veränderliche nahe am Plattenrand steht.

Tabelle 118

Vergleichsterne

Bez.	$\Delta\alpha \cos\delta$	$\Delta\delta$	m_{pg}
a	+3'.2	−3'.3	13^m89
b	−2.8	−0.4	14.15
c	+0.6	−0.9	14.36
d	+1.4	+0.1	14.53
e	−1.1	+1.5	14.75
f	−0.8	−0.5	15.11:

In einer zusammenfassenden Bearbeitung der Sonneberger Beobachtungen in den Kl. Veröff. Univ. Sternw. Berlin-Babelsberg Nr. 24 (1941) gibt VAN SCHEWICK die Zugehörigkeit zum Mira-Typus bekannt mit einer Amplitude von $12^m.4$ bis $14^m.6$ und den Elementen:

$$\text{Max.} = 242\,5544 + 258^d \cdot E$$

Nach meinen Beobachtungen ist der Stern nur schwach veränderlich mit einer Amplitude, die $0^m.5$ nicht überschreitet. Auf keinen Fall aber erreicht er im Maximum eine photographische Helligkeit von $12^m.4$. Die größte beobachtete Helligkeit beträgt nur $14^m.1$. Es wurde ferner ein Plattenpaar abgeblinkt, auf dem nach VAN SCHEWICKS Ephemeride der Stern sich im Maximum (242 8640) und nahe dem Minimum (242 8800) befinden müßte. Auf beiden Platten unterscheiden sich die Helligkeiten aber nur um $0^m.2$. Dasselbe tritt ebenfalls bei anderen berechneten Maxima und Minima auf. Diese Widersprüche zwischen den beiden Beobachtungsreihen bedürfen dringend der Aufklärung.

Tabelle 119

Vergleichsterne

Bez.	$\Delta\alpha \cos\delta$	$\Delta\delta$	m_{pg}	Sp.
a	− 4'.4	−4'.5	9^m69	A5
b	− 5.3	+8.6	10.44	G7
c	−19.1	−2.2	10.70	G2
d	+ 1.3	0.0	11.37	A8
e	− 7.7	−5.4	11.54	A8
f	+ 3.0	−2.3	12.49	A:

43. **MW Cyg** $20^h 6^m 41^s$ $+32° 26'.6$ (1855.0) = BD + 32° 3743 ($9^m.4$) Sp. G6v

MW Cyg wurde von HOFFMEISTER auf Sonneberger Platten entdeckt [Astron. Nachr. **240**.193 (1930)]. Erste Elemente dieses δ Cephei-Sternes stammen von LANGE, die dann später auf Grund eines größeren Beobachtungsmaterials verbessert wurden (Leningrad Bull. **2**.13). 29 von OOSTERHOFF auf Harvard-Platten beobachtete Maxima [Bull. Astron. Obs. Harvard Coll. 900 (1935)] geben folgende Elemente:

$$\text{Max.} = 242\,5173.40 + 5^d.9550 \cdot E$$

Aus allen vorliegenden Maxima habe ich die nebenstehenden Normalepochen gebildet (Tab. 120). Daraus wurden durch Ausgleichung folgende Elemente gefunden:

$$\text{Max.} = 242\,6572.57 + 5^d.95444 \cdot E$$
$$\pm 8 \qquad \pm 17$$

Tabelle 120

Normalmaxima

Normalmax.	Beob.	Gew.	E	B—R
241 4951.1	LANGE	1	−1955	$-0^d.54$
8206.2	„	1	−1405	−0.38
242 3553.82	OOSTERHOFF	4	− 507	+0.15
4678.92	„	5	− 318	−0.14
5066.27	„	4	− 253	+0.17
5173.40	LANGE	1	− 235	+0.12
6090.48	OOSTERHOFF	5	− 81	+0.22
6507.19	„	7	− 11	+0.12
7043.52	„	4	+ 79	+0.55
8096.65	WACHMANN	3	+ 256	−0.26
8418.21	„	3	+ 310	−0.24
8805.27	„	8	+ 375	−0.21
9192.40	„	6	+ 440	−0.22

Die Darstellung der Normalepochen durch diese Elemente ist nicht sonderlich befriedigend. Die Vorzeichenfolgen deuten auf sprunghafte Änderungen der Periodenlänge hin. Mittels dieser Elemente wurde folgende mittlere Lichtkurve (Tab. 121) erhalten:

Tabelle 121

Mittlere Lichtkurve

Phase	m_{pg}	n	Phase	m_{pg}	n	Phase	m_{pg}	n	Phase	m_{pg}	n
0^P00	10^m41	4	0^P22	10^m98	6	0^P42	11^m29	6	0^P77	11^m48	5
0.03	10.46	4	0.25	11.09	5	0.46	11.27	6	0.83	11.22	5
0.05	10.57	4	0.28	11.10	6	0.50	11.34	6	0.86	11.09	4
0.09	10.65	5	0.30	11.07	6	0.54	11.47	7	0.88	10.93	4
0.12	10.63	5	0.32	11.25	7	0.60	11.52	6	0.90	10.71	3
0.15	10.78	6	0.35	11.14	6	0.66	11.45	7	0.95	10.40	6
0.19	10.86	6	0.40	11.16	6	0.74	11.69	6	0.98	10.41	5

Der mittleren Lichtkurve entnehmen wir die in Tab. 122 angeführten Daten.

Die Spektren wurden auf 5 vorhandenen Spektralaufnahmen geschätzt. Mittleres Spektrum G6 mit einer Änderung von 1.2 Spektralklassen. Auf dem absteigenden Ast der Lichtkurve ist bei der Phase $0^{P}.4$ eine flache sekundäre Welle angedeutet.

Tabelle 122

Max. Helligkeit	$10^{m}40$	$(M\text{-}m)/P$	$0^{P}24$
Min. „	11.60	Spektrum	G6v (Go-K2)
Amplitude	1.20		

44. **78.1939 Cyg** $20^{h}\,7^{m}\,45^{s}$ $+32°\,29'.3$ (1855.0) Sp. –

Tabelle 123

Vergleichsterne

Bez.	$\Delta\alpha\cos\delta$	$\Delta\delta$	m_{pg}
a	$-5'.7$	$-4'.8$	$12^{m}52$
b	-6.2	$+1.8$	12.74
c	-8.9	$+0.6$	12.96
d	$+7.5$	$+1.3$	13.20
e	-2.5	$+4.6$	13.46
f	$+0.4$	-0.9	13.80

Bei diesem von mir neu aufgefundenen Veränderlichen [Beob. Zirk. Astron. Nachr. **22.**10 (1940)] handelt es sich um einen Bedeckungsveränderlichen vom Algoltypus. Mit Hilfe genäherter Elemente wurden folgende Normalminima (Tab. 124) gefunden:

Daraus ergeben sich die Elemente:

$$\text{Min.} = 242\,9223.308 + 1^{d}.275068 \cdot E$$
$$\pm 6 \qquad\qquad \pm 11$$

Tabelle 124

Normalminima

Normalmin.	*E*	B—R
242 8054.053	-917	$-0^{d}018$
8377.932	-663	-0.006
8825.480	-312	-0.007
9192.708	-24	$+0.002$
9355.922	$+104$	$+0.007$

mit der angegebenen Darstellung der beobachteten Minima. Legen wir diese Elemente zugrunde, so erhalten wir die nachstehende mittlere Lichtkurve (Tab. 125).

Tabelle 125

Mittlere Lichtkurve

Phase	m_{pg}	*n*	Phase	m_{pg}	*n*	Phase	m_{pg}	*n*	Phase	m_{pg}	*n*
$0^{P}002$	$13^{m}26$	3	$0^{P}298$	$12^{m}85$	6	$0^{P}492$	$12^{m}87$	6	$0^{P}791$	$12^{m}86$	5
0.016	13.13	4	0.318	12.86	5	0.521	12.93	6	0.824	12.87	6
0.031	13.08	5	0.340	12.91	6	0.574	12.84	6	0.870	12.86	6
0.089	12.87	5	0.376	12.86	7	0.611	12.85	5	0.918	12.98	4
0.129	12.86	6	0.417	12.84	6	0.656	12.86	6	0.963	13.13	4
0.191	12.85	5	0.452	12.87	6	0.685	12.87	5	0.976	13.16	3
0.237	12.89	5	0.473	12.86	6	0.745	12.90	6	0.981	13.25	3
0.264	12.86	6									

Der mittleren Lichtkurve entnehmen wir die in Tab. 126 aufgeführten Eigenheiten des Veränderlichen.

Tabelle 126

Max. Helligkeit	$12^{m}86$	Amplitude I	0.40
Min. I „	13.26	Amplitude II	$0^{m}07$
Min. II „	12.93	*D*	$0^{d}29$

45. **79.1939 Cyg** $20^{h}\,8^{m}\,21^{s}$ $+33°\,50.'6$ (1855.0) Sp. –

79.1939 Cyg gehört ebenfalls zu den in Bergedorf im Jahre 1939 neu aufgefundenen Veränderlichen (l. c.). Es handelt sich um einen Bedeckungsveränderlichen vom β Lyrae-Typus. Aus den Beobachtungen wurden 11 Minima abgeleitet, die in der Tab. 128 zusammengestellt sind.

Tabelle 127

Vergleichsterne

Bez.	$\Delta\alpha\cos\delta$	$\Delta\delta$	m_{pg}
a	$-0'.9$	$+3'.1$	$13^{m}04$
b	-5.5	$+0.3$	13.35
c	$+0.5$	-9.3	13.57
d	0.0	$+2.3$	14.02
e	-1.5	-0.5	14.35
f	$+1.3$	-0.5	14.67

Tabelle 128

Beobachtete Minima

Min.	*E*	B—R	Min.	*E*	B—R
242 8095.329	-379	$-0^{d}048$	242 8782.541	$+4$	$-0^{d}061$
8122.286	-364	-0.006	9168.451	$+219$	$+0.070$
8452.450	-180	$+0.003$	9186.285	$+229$	-0.040
8506.303	-150	$+0.026$	9195.272	$+234$	-0.024
8542.219	-130	$+0.056$	9249.210	$+264$	$+0.084$
8775.441	0	$+0.016$	9340.588	$+315$	-0.048

Daraus folgen die Elemente:

$$\text{Min.} = 242\,8775.425 + 1^d.794321 \cdot E$$
$$\pm 14 \qquad \pm 14$$

mit der in der Tab. 128 angegebenen Darstellung. Nach Reduktion auf einen Umlauf und Zusammenfassung benachbarter Beobachtungen ergibt sich die mittlere Lichtkurve der Tab. 129.

Tabelle 129

Mittlere Lichtkurve

Phase	m_{pg}	n	Phase	m_{pg}	n	Phase	m_{pg}	n	Phase	m_{pg}	n
0P.002	14m.13	3	0P.166	13m.47	6	0P.513	13m.57	5	0P.778	13m.48	7
0.029	13.90	4	0.209	13.46	7	0.534	13.55	5	0.847	13.44	6
0.046	13.65	4	0.238	13.45	7	0.586	13.49	6	0.891	13.46	5
0.057	13.59	5	0.281	13.44	6	0.632	13.47	6	0.922	13.53	3
0.079	13.51	6	0.343	13.47	7	0.672	13.46	6	0.971	13.89	4
0.107	13.50	6	0.408	13.48	6	0.715	13.46	6	0.990	14.01	2
0.134	13.47	6	0.448	13.54	6						

Tabelle 130

Max. Helligkeit	13m.44	Amplitude I	0m.69
Min. I „	14.13	„ II	0.13
Min. II „	13.57		

Aus der mittleren Lichtkurve lesen wir für den Veränderlichen die in Tab. 130 zusammengestellten Daten ab.

46. **80.1939 Cyg** $20^h\,9^m\,15^s$ $+34°\,18'.0$ (1855.0) Sp. –

Tabelle 131

Vergleichsterne

Bez.	$\Delta\alpha\cos\delta$	$\Delta\delta$	m_{pg}
a	−4'.9	−1'.6	12m.53
b	−5.0	−9.7	12.77
c	+0.2	−6.2	13.04
d	−9.3	−1.0	13.22
e	−4.6	+3.7	13.37
f	+0.4	−5.0	13.74
g	−0.7	+3.3	13.87
h	+0.8	+1.5	14.10

Tabelle 132

Beobachtete Minima

Min.	*E*	B—R	Min.	*E*	B—R
242 8419.370	−301	+0d.036	242 8814.393	0	+0d.003
8776.382	− 29	+0.052	8860.335	+ 35	+0.008
8777.611	− 28	−0.030	9041.463	+173	+0.014
8781.630	− 25	+0.052	9192.396	+288	+0.012
8806.477	− 6	−0.038			

Der Stern wurde auf Bergedorfer Platten aufgefunden und im Beob. Zirk. Astron. Nachr. **22**.10 (1940) als neuer Bedeckungsveränderlicher angezeigt. Bei der Bearbeitung der gesamten Beobachtungen ergaben sich die in der Tab. 132 aufgeführten 9 Minima.

Daraus ergeben sich die Elemente:

$$\text{Min.} = 242\,8814.390 + 1^d.312480 \cdot E$$
$$\pm 11 \qquad \pm 68$$

mit der angeführten Darstellung der beobachteten Minima. Mittels dieser Elemente wurden durch geeignete Zusammenfassung der Beobachtungen Normalpunkte der in der Tab. 133 aufgeführten mittleren Lichtkurve gebildet.

Tabelle 133

Mittlere Lichtkurve

Phase	m_{pg}	n	Phase	m_{pg}	n	Phase	m_{pg}	n	Phase	m_{pg}	n
0P.004	13m.90	2	0P.210	12m.79	6	0P.550	12m.91	4	0P.797	12m.81	6
0.010	13.98	2	0.251	12.76	6	0.590	12.92	6	0.832	12.79	6
0.030	13.25	2	0.276	12.83	6	0.622	12.79	6	0.866	12.83	6
0.047	13.22	4	0.301	12.80	6	0.650	12.80	7	0.893	12.86	5
0.095	12.83	3	0.355	12.81	6	0.695	12.79	7	0.919	12.86	4
0.139	12.81	3	0.415	12.81	7	0.733	12.79	7	0.923	12.92	3
0.165	12.78	5	0.509	12.80	7	0.770	12.79	6	0.974	13.52	2
0.186	12.82	6									

Der mittleren Lichtkurve entnehmen wir die folgenden Daten:

Tabelle 134

Max. Helligkeit	$12^{m}.80$	Amplitude I	$1^{m}.15$
Min. I „	13.95	„ II	0.12
Min. II „	12.92	D	$0^{d}.3$

Das Nebenminimum liegt unsymmetrisch zu den Hauptminima, und zwar um $0^{d}.09$ nach größeren Phasen hin verschoben.

47. **VW Cyg** $20^{h}\,9^{m}\,37^{s}$ $+34°\,4'.4$ (1855.0) = BD + 34° 3938 ($9^{m}.8$) Sp. A0

Bezüglich der Literatur über diesen Algolstern siehe Gesch. u. Lit. d. Lichtw. d. veränd. Sterne, II. Ausg. 1 (1936). Die dort von NIJLAND angegebenen Elemente:

Min. = 2420327.723 + $8^{d}.430274 \cdot E$

genügen noch der vorliegenden Beobachtungsreihe, deren allerdings geringe Anzahl von Minimumbeobachtungen eine Elementenverbesserung nicht zulassen würde. Die 4 Minimumbeobachtungen werden wie folgt dargestellt:

Tabelle 135
Vergleichsterne

Bez.	$\Delta\alpha\cos\delta$	$\Delta\delta$	m_{pg}	Bez.	$\Delta\alpha\cos\delta$	$\Delta\delta$	m_{pg}
a	+ 0'.7	+12'.2	$10^{m}.15$	*h*	− 5'.1	+10'.0	$12^{m}.25$
b	−22.7	+ 7.2	10.63	*i*	+ 1.4	− 0.7	12.68
c	−16.1	+ 7.9	11.06	*k*	+ 1.1	− 2.8	13.11
d	+ 1.3	+ 4.5	11.19	*l*	+ 0.7	− 3.6	13.31
e	− 7.0	+ 2.1	11.36	*m*	− 2.7	+ 0.7	13.78
f	+ 1.1	− 9.3	11.50	*n*	− 1.2	− 0.2	14.49
g	+10.8	− 3.2	12.02				

Tabelle 136
Beobachtete Minima

Min.	B—R	Min.	B—R
242 8336.454	$-0^{d}.029$	242 8783.405	$+0^{d}.117$
8429.346	+0.130	8859.216	+0.056

Aus den Beobachtungen wurde folgende mittlere Lichtkurve (Tab. 137) abgeleitet:

Tabelle 137
Mittlere Lichtkurve

Phase	m_{pg}	*n*	Phase	m_{pg}	*n*	Phase	m_{pg}	*n*	Phase	m_{pg}	*n*
$0^{P}.002$	$13^{m}.65$	2	$0^{P}.273$	$10^{m}.71$	6	$0^{P}.579$	$10^{m}.70$	6	$0^{P}.796$	$10^{m}.69$	7
0.015	13.69	2	0.340	10.66	6	0.625	10.72	6	0.847	10.70	6
0.042	11.15	2	0.384	10.65	6	0.660	10.69	6	0.873	10.75	7
0.059	10.69	6	0.432	10.68	6	0.724	10.64	6	0.896	10.72	6
0.087	10.67	6	0.488	10.69	6	0.750	10.69	7	0.928	10.80	6
0.139	10.62	6	0.516	10.71	7	0.768	10.67	6	0.957	11.02	2
0.183	10.70	7	0.546	10.65	6						

Die photographische Amplitude beträgt $3^{m}.06$ von $10^{m}.64$ bis $13^{m}.70$, $0^{m}.41$ mehr als die von NIJLAND mitgeteilte visuelle Amplitude. Die photographische Normalhelligkeit liegt um $0^{m}.93$ tiefer als die visuelle, was unverständlich ist, da der Veränderliche nach einer Schätzung auf einer vorhandenen Spektralaufnahme das Spektrum A0 besitzt. Ein sekundäres Minimum ist nicht vorhanden.

48. **SX Cyg** $20^{h}\,9^{m}\,45^{s}$ $+30°\,37'.9$ (1855.0) = BD + 30° 3960a Sp. M7e

Tabelle 138
Vergleichsterne

Bez.	$\Delta\alpha\cos\delta$	$\Delta\delta$	m_{pg}	Bez.	$\Delta\alpha\cos\delta$	$\Delta\delta$	m_{pg}	Bez.	$\Delta\alpha\cos\delta$	$\Delta\delta$	m_{pg}
a	+1'.0	−4'.8	$9^{m}.77$	*f*	+1'.7	−0'.4	$11^{m}.96$	*l*	+1'.0	−0'.3	$13^{m}.70$
b	+1.3	+0.5	10.73	*g*	+6.5	+2.8	12.27	*m*	+4.2	+1.6	14.04
c	+0.6	+4.2	11.02	*h*	+2.4	+3.5	12.57	*n*	−1.5	+1.5	14.14
d	+4.8	−4.2	11.15	*i*	−0.7	+3.7	12.78	o	+2.1	−0.8	14.74
e	−3.9	+9.9	11.77	*k*	+0.2	+2.3	13.14	*p*	−0.6	−0.5	[15.2:

Seit der Entdeckung durch ANDERSON im Jahre 1899 ist dieser langperiodische Veränderliche, abgesehen von der Epoche +13, durch sämtliche Maximumepochen hindurch beobachtet worden. Während der vorliegenden Beobachtungsreihe konnten noch 4 weitere Maxima festgelegt werden, so daß bis zur Epoche +35 insgesamt 34 Maxima beobachtet wurden. Diese sind mit ihren Abweichungen gegenüber den in der Gesch. u. Lit. d. Lichtw. d. veränd. Sterne, II. Ausg. 1 (1936) angeführten mittleren Elementen:

$$\text{Max.} = 242\,4883 + 412^{d}.0 \cdot E$$

in der Tab. 139 zusammengestellt.

Tabelle 139

Die Maxima von SX Cygni

Max.	E	B—R	Max.	E	B—R	Max.	E	B—R
241 4877:	0	+ 4ᵈ:	241 9814	+12	−13ᵈ	242 5193	+25	+10ᵈ
5295	+1	0	242 0665	+14	+14	5599	26	+ 4
5690:	2	−17:	1065	15	+ 2	6016	27	+ 9
6120:	3	+ 1:	1469	16	− 6	6414	28	− 5
6531	4	0	1888	17	+ 1	6823	29	− 8
6943	5	0	2300	18	+ 1	7230	30	−13
7356	6	+ 1	2729	19	+18	7634	31	−21
7775	7	+ 8	3140	20	+17	8053	32	−14
8161	8	−18	3551	21	+16	8453	33	−26
8577	9	−14	3968	22	+21	8871	34	−20
8975	10	−28	4373	23	+14	9260	+35	−43
9410	11	− 5	4768	24	− 3			

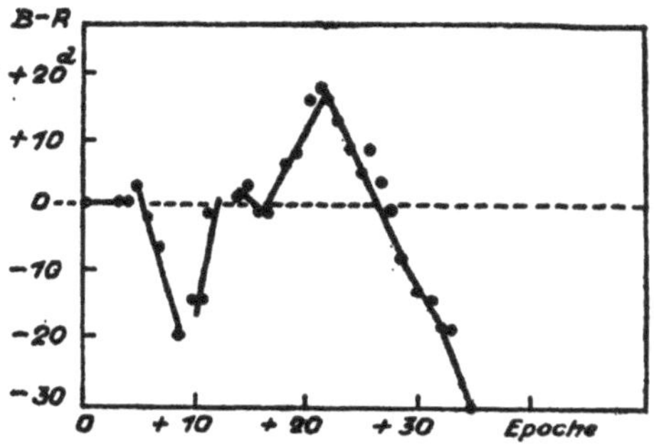

Abb. 3. Abweichungen der beobachteten Maxima von den mittleren Elementen.

Durch Dreierglättung folgt die in der Abb. 3 gegebene Darstellung.

Auch hier ergibt sich deutlich [vgl. PRAGER: Vjschr. Astron. Ges. 68.315 (1933)], daß die Periode sprunghaften Änderungen im Sinne der durch die Punkte gezeichneten Geraden unterliegt.

49. **SVS 467 Cyg** $20^{h}10^{m}25^{s}$ $+34°34'.3$ (1855.0) Sp. —

Dieser Veränderliche wurde von A. BELJAWSKY im Jahre 1933 entdeckt [Ver. v. Freund. Astron. Gorki. Veränd. Sterne 4.265 (1934)] mit einer Amplitude von $12^{m}.8$ bis $13^{m}.5$. Weitere Beobachtungen sind nicht bekanntgeworden.

Die vorliegende Beobachtungsreihe ergab δ Cephei-Charakter des Lichtwechsels mit einer Periode von $6^{d}.72$. Mit dieser Periode wurden 4 Normalmaxima abgeleitet (Tab. 141).

Tabelle 140

Vergleichsterne

Bez.	$\Delta\alpha\cos\delta$	$\Delta\delta$	m_{pg}
a	−3′.5	+2′.7	$11^{m}.99$
b	+3.2	+4.1	12.29
c	+1.8	+4.2	12.71
d	−1.5	+4.4	13.11

Tabelle 141

Normalmaxima

Normalmax.	E	B—R
242 8083.25	− 50	$+0^{d}.01$
8378.85	− 6	−0.09
8708.52	+ 43	+0.12
9192.47	+115	−0.04

Daraus folgen die Elemente:

$$\text{Max.} = 242\,8419.278 + 6^{d}.72379 \cdot E$$
$$\pm 62 \qquad \pm 94$$

mit der angegebenen Darstellung der Normalepochen. Mit Hilfe dieser Elemente bestimmte sich die in Tab. 142 mitgeteilte mittlere Lichtkurve:

Tabelle 142

Mittlere Lichtkurve

Phase	m_{pg}	n	Phase	m_{pg}	n	Phase	m_{pg}	n	Phase	m_{pg}	n
$0^{P}.02$	$12^{m}.15$	4	$0^{P}.27$	$12^{m}.29$	7	$0^{P}.52$	$12^{m}.59$	7	$0^{P}.76$	$12^{m}.61$	7
0.07	12.16	6	0.30	12.28	7	0.55	12.58	6	0.83	12.67	6
0.11	12.23	5	0.35	12.40	6	0.59	12.60	7	0.88	12.55	8
0.13	12.24	7	0.41	12.38	7	0.64	12.62	7	0.94	12.39	4
0.16	12.21	5	0.43	12.58	7	0.69	12.60	6	0.97	12.31	5
0.22	12.20	6	0.46	12.55	6	0.73	12.62	6	0.98	12.20	4

Danach beträgt die Amplitude $0^{m}.52$ in den Grenzen $12^{m}.15$ und $12^{m}.67$. Diese Amplitude ist für einen normalen δ Cephei-Stern der Periode $6^{d}.72$ relativ klein. Auch weist die Lichtkurve einen stark welligen Verlauf auf. Ein besonders kräftiges sekundäres Maximum liegt bei der Phase $0^{P}.2$. $(M - m)/P = 0.17$.

50. **AU Vul** $20^{h}\,12^{m}\,4^{s}$ $+27^{\circ}\,17'.2$ (1855.0) Sp. –

Dieser bislang als nicht sehr regelmäßig angesehene langperiodische Veränderliche wurde von Ross in Astron. J. 36.123 (1926) angezeigt.

Die graphische Aufzeichnung meiner Beobachtungen ergibt nun im Gegensatz dazu, daß es sich mit großer Wahrscheinlichkeit um einen RV Tauri-Stern handelt. Es wurden folgende in der Tab. 144 zusammengestellte Haupt- und Nebenminima sowie Maxima gefunden.

Tabelle 143

Vergleichsterne

Bez.	$\Delta\alpha\cos\delta$	$\Delta\delta$	m_{pg}
a	$-2'.1$	$-6'.3$	$11^{m}.48$
b	−0.2	−3.1	12.20
c	+1.5	+0.5	12.65
d	−2.5	+4.7	12.83
e	−5.2	+0.5	13.06
f	+0.7	+6.0	13.26
g	+0.4	+7.6	13.47
h	−3.3	+5.8	14.04

Tabelle 144

Beobachtete Extremwerte

Hauptmin.	m_{pg}	Nebenmin.	m_{pg}	Max.	m_{pg}
				242 8007	$12^{m}.0$
		242 8075	$12^{m}.8$	8165	12.4
242 8280	$13^{m}.4$			8350	12.5
		8450	13.0		
				8500::	12.6
—	—				
		8750::	13.2::		
8870	13.5				
				9040	11.9
9180	13.3				
				9230	12.2
				9370::	11.8

Die Periode beträgt danach auf Grund der Minima 302^{d}. Der photographische Lichtwechsel verläuft in den Grenzen 11^{m} und $813^{m}.4$.

51. **V 371 Cyg** $20^{h}\,12^{m}\,28^{s}$ $+29^{\circ}\,41'.6$ (1855.0) Sp. –

Unabhängig voneinander wurde dieser Bedeckungsveränderliche von Morgenroth [Astron. Nachr. **250**.77 (1933)] und Beljawsky [Ver. v. Freund. Astron. Gorki. Veränd. Sterne **4**.265 (1934)] entdeckt. Morgenroth gibt als Amplitude $12^{m}.5$ bis $13^{m}.5$ und Beljawsky $12^{m}.9$ bis $14^{m}.1$. Letzterer konnte 3 Minima festlegen mit dem daraus abgeleiteten Wert $n \cdot P = 45^{d}.3$. Aus 100 Beobachtungen mit 6 Minima bestimmte Piotrowski in Acta Astron. Serie c **2**.132 (1936) für n den Wert 1 und findet die Elemente

$$\text{Min.} = 2427774.50 + 45^{d}.37 \cdot E \qquad D = \sim 5^{d}.$$

Tabelle 145

Vergleichsterne

Bez.	$\Delta\alpha\cos\delta$	$\Delta\delta$	m_{pg}
a	$-3'.5$	$-1'.4$	$11^{m}.82$
b	−1.9	−8.3	12.23
c	+1.6	−1.6	12.54
d	−1.9	−6.5	12.63
e	−1.4	+0.5	13.06
f	+3.2	+3.1	13.33

5 weitere Minima werden durch die vorliegende Beobachtungsreihe bestimmt (Tab. 146).

Tabelle 146

Beobachtete Minima

242 8545.23	242 9135.45
8635.61	243 0313.30
8817.40	

Aus den 14 insgesamt beobachteten Minima wurden mit der Periode von Piotrowsky 6 Normalminima bestimmt und durch Ausgleichung unter Berücksichtigung von Gewichten nach Maßgabe der in einem Normalminimum zusammengezogenen Einzelminima die neuen Elemente abgeleitet:

$$\text{Min.} = 2427774.29 + 45^{d}.3505 \cdot E$$
$$\pm 17 \qquad \pm 75$$

mit der in der nebenstehenden Tab. 147 angegebenen Darstellung der Normalminima.

Tabelle 147

Darstellung der Normalminima

Normalmin.	E	B—R	Normalmin.	E	B—R
242 6685.65	−24	$-0^{d}.23$	242 8635.78	+19	$-0^{d}.17$
7274.85	−11	−0.58	9135.21	+30	+0.40
7774.50	0	+0.21	243 0313.30	+56	−0.62

Mittels dieser Elemente wurden alle Beobachtungen meiner Reihe auf einen Umlauf reduziert und zu der folgenden mittleren Lichtkurve der Tab. 148 in geeigneter Weise zusammengefaßt.

Tabelle 148

Mittlere Lichtkurve

Phase	m_{pg}	n	Phase	m_{pg}	n	Phase	m_{pg}	n	Phase	m_{pg}	n
$0^{P}.013$	$13^{m}.16$	2	$0^{P}.218$	$12^{m}.17$	6	$0^{P}.458$	$12^{m}.39$	2	$0^{P}.783$	$12^{m}.22$	6
0.056	12.41	6	0.256	12.20	7	0.509	12.55	1	0.904	12.24	4
0.076	12.25	6	0.284	12.18	7	0.523	12.45	3	0.930	12.39	4
0.108	12.25	7	0.308	12.21	6	0.543	12.38	3	0.946	12.41	5
0.125	12.25	6	0.345	12.20	7	0.568	12.29	5	0.952	12.49	3
0.150	12.25	6	0.386	12.28	6	0.634	12.21	5	0.969	12.84	1
0.168	12.22	7	0.405	12.26	5	0.681	12.19	6	0.998	13.18	3
0.189	12.21	5	0.436	12.38	5	0.744	12.21	6			

Tabelle 149

Max. Helligkeit	$12^{m}.20$
Min. I ,,	13.18
Min. II ,,	12.56
Amplitude I	0.98
,, II	0.36
D	$\sim 5^{d}$

Es ist nicht mit Sicherheit anzugeben, ob der Lichtwechsel außerhalb der Bedeckung konstant verläuft oder nicht, ob es sich also um einen Algol- oder β Lyrae-Stern handelt. Wahrscheinlich ist das erstere der Fall. Der mittleren Lichtkurve können wir die in der Tab. 149 zusammengestellten Daten entnehmen.

52. **AU Cyg** $20^{h}\,12^{m}\,56^{s}$ $+33°\,56'.3$ (1855.0) Sp. M6e

Tabelle 150

Vergleichsterne

Bez.	$\Delta\alpha\cos\delta$	$\Delta\delta$	m_{pg}	Bez.	$\Delta\alpha\cos\delta$	$\Delta\delta$	m_{pg}
a	− 8'.4	+7'.6	$10^{m}.20$	*g*	+ 6'.6	+1'.6	$12^{m}.83$
b	−11.3	+6.0	10.30	*h*	+ 0.5	+1.2	13.35
c	− 9.3	+8.9	11.07	*i*	+ 1.5	−0.6	14.02
d	+ 5.9	−6.6	11.25	*k*	+ 3.7	−1.4	14.59
e	+ 1.6	−3.7	11.86	*l*	+ 2.9	+1.7	14.85:
f	− 1.9	+2.5	12.37	*m*	+ 3.6	−2.3	15.35:

Obwohl dieser langperiodische Veränderliche bereits 1906 von Fleming auf Harvard-Platten entdeckt wurde, liegen nur 3 um die Jahrhundertwende von Fleming beobachtete Maxima und 4 neuere von de Roy und Esch vor [siehe Gesch. u. Lit. d. Lichtw. d. veränd. Sterne, II. Ausg. 2.30 (1936)]. Während 20 Epochen ist der Stern völlig vernachlässigt worden.

Die vorliegenden Beobachtungen gestatteten die Festlegung von 4 weiteren Maxima, von denen das erste mit einem von Esch beobachteten Maximum identisch ist.

Tabelle 151

Beobachtete Maxima

Max.	Beob.	E	B—R	Max.	Beob.	E	B—R
241 2744:	Fleming	0	-46^{d}:	242 7147	Esch	+33	$+ 9^{d}$
6705	,,	+ 9	+ 2	8002	Esch, Wachm.	+35	− 6
7146	,,	+10	+ 8	8438	Wachmann	+36	− 5
242 5868	de Roy	+30	+34	8870	,,	+37	− 8
6727	Esch	+32	+23	9285	,,	+38	−27

Daraus bestimmen sich durch Ausgleichung die neuen mittleren Elemente:

$$\text{Max.} = 2412790 + 434^{d}.8 \cdot E$$

mit der in Tab. 151 angegebenen Darstellung der Beobachtungen. Photographisch verläuft der Lichtwechsel in den Grenzen $10^m_.0$ bis wenig unter $15^m_.3$ mit Schwankungen der Maximalhelligkeit von $10^m_.0$ bis $11^m_.0$. Die Form der Lichtkurve ist vom Typus α_2 der LUDENDORFFschen Klassifizierung. Nach dem Minimum geht der Lichtanstieg zunächst ziemlich flach vor sich, um dann etwa 50^d vor dem Maximum in einen steileren Anstieg überzugehen.

53. **SVS 470 Cyg** $20^h\,14^m\,9^s$ $+35°\,20'.0$ (1855.0) Sp. –

Dieser Bedeckungsveränderliche wurde von BELJAWSKY entdeckt [Ver. v. Freund. Astron. Gorki. Veränd. Sterne **4**.265 (1934)]. Außer der mitgeteilten Amplitude $13^m_.3$ bis $13^m_.9$ und 3 angegebenen Minima ist weiter nichts über den Stern bekannt geworden. Aus 26 Zeiten minimalen Lichtes wurden 4 Normalminima abgeleitet (Tab. 153).

Tabelle 152
Vergleichsterne

Bez.	$\Delta\alpha\cos\delta$	$\Delta\delta$	m_{pg}
a	$-\ 6'.1$	$-0'.4$	$11^m_.69$
b	$+\ 0.5$	-6.1	11.83
c	$+12.7$	-3.5	12.30
d	$+\ 1.4$	$+3.4$	12.36
e	$-\ 3.8$	$+2.7$	12.50
f	$-\ 3.7$	-1.9	12.74

Daraus bestimmen sich durch Ausgleichung unter Berücksichtigung von Gewichten der Normalminima nach Maßgabe der in ihnen zusammengefaßten Einzelminima die Elemente:

$$\text{Min.} = 2428805.607 + 1^d_.4749344 \cdot E. \quad \pm 4 \qquad \pm 79$$

Tabelle 153
Normalminima

Normalmin.	*E*	Gew.	B—R
242 8102.072	−477	4	$+0^d_.009$
8361.636	−301	7	−0.016
8777.579	− 19	11	−0.004
9196.468	+265	4	+0.004

Bei den 3 von BELJAWSKY mitgeteilten Minima handelt es sich danach um 2 Nebenminima und ein Hauptminimum, die durch diese Elemente nicht sehr gut dargestellt werden. Die abgeleiteten Elemente bedürfen daher noch der Bestätigung. Da Haupt- und Nebenminimum die gleiche Helligkeit haben, könnte die wahre Periode auch $^1/_2\,P$ betragen; im Hinblick auf die Dauer der Verfinsterung ist jedoch der Wert $1^d_.47$ wahrscheinlicher. Folgende mittlere Lichtkurve (Tab. 154) wurde mit diesen Elementen erhalten:

Tabelle 154
Mittlere Lichtkurve

Phase	m_{pg}	*n*	Phase	m_{pg}	*n*	Phase	m_{pg}	*n*	Phase	m_{pg}	*n*
$0^P_.002$	$12^m_.51$	4	$0^P_.211$	$12^m_.05$	6	$0^P_.469$	$12^m_.42$	3	$0^P_.720$	$12^m_.08$	4
0.022	12.43	3	0.243	12.05	5	0.496	12.48	4	0.750	12.04	5
0.051	12.33	3	0.276	10.00	6	0.529	12.43	3	0.780	12.07	4
0.091	12.17	3	0.328	12.07	5	0.553	12.26	4	0.826	12.04	6
0.108	12.09	5	0.389	12.12	4	0.572	12.17	3	0.878	12.06	6
0.127	12.03	6	0.425	12.18	3	0.595	12.06	5	0.925	12.15	5
0.139	12.08	5	0.450	12.21	4	0.614	12.10	5	0.960	12.32	6
0.164	12.05	5	0.454	12.31	2	0.677	12.05	5	0.975	12.40	3
0.189	12.08	5									

Tabelle 155

Max. Helligkeit	$12^m_.05$
Min. I „	12.51
Min. II „	12.48
Amplitude I	0.46
„ II	0.43
D	$0^d_.30$

Aus der mittleren Lichtkurve lassen sich für diesen Algolveränderlichen die in der Tab. 155 zusammengestellten Daten ablesen.

54. **MY Cyg** $20^h\,14^m\,24^s$ $+33°\,29'.3$ (1855.0) = BD + 33° 3862 ($8^m_.5$) Sp. A2

MY Cyg wurde 1930 von C. HOFFMEISTER in Sonneberg aufgefunden [Astron. Nachr. **240**.193 (1930)]. Aus 42 Sonneberger und 143 Bamberger Ernostar-Platten bestimmte RÜGEMER [Beob. Zirk. Astron. Nachr. **14**.46 (1932)] insgesamt 8 Minima dieses Bedeckungsveränderlichen und damit die Elemente:

$$\text{Min.} = 2426870.5862 + 2^d_.0026096 \cdot E.$$

Tabelle 156
Vergleichsterne

Bez.	$\Delta\alpha\cos\delta$	$\Delta\delta$	m_{pg}	Sp.
a	$+17'.4$	$+14'.7$	$8^m_.17$	A0
b	$+\ 5.5$	$-\ 7.5$	8.55	A3
c	-12.0	$+13.5$	8.92	A1
d	$+10.8$	-10.7	9.65	G

Diese Elemente wurden der Reduktion der vorliegenden Beobachtungsreihe zugrunde gelegt. Sie stellen die 14 Bergedorfer Minima wie in der Tab. 157 angegeben dar.

Tabelle 157

Beobachtete Minima

Min.	E	B—R	Min.	E	B—R
242 8122.242	+625	$+0^{d}.043$	242 8362.446	+ 745	$-0^{d}.066$
8164.304	646	+0.050	8366.470	747	−0.048
8306.503	717	+0.064	8859.216	993	+0.057
8308.488	718	+0.046	8865.230	996	+0.063
8332.467	730	−0.006	9041.463	1084	+0.066
8336.454	732	−0.024	9073.467	1100	+0.028
8338.452	733	−0.029	9143.525	1135	−0.005

Dabei ist zu beachten, daß die angegebenen Minima nicht sehr sicher sind, da sie meist nur auf einer Beobachtung nahe dem Minimum beruhen. Dieser Umstand und die Kommensurabilität der Periode mit 1^{d} erklärt die auffälligen Vorzeichenfolgen in den B—R. Von einer Verbesserung der Elemente wurde abgesehen.

Nach Reduktion aller Beobachtungen auf einen Umlauf ergibt sich die in Tab. 158 mitgeteilte mittlere Lichtkurve.

Tabelle 158

Mittlere Lichtkurve

Phase	m_{pg}	n	Phase	m_{pg}	n	Phase	m_{pg}	n	Phase	m_{pg}	n
$0^{P}.019$	$8^{m}.85$	3	$0^{P}.262$	$8^{m}.41$	5	$0^{P}.568$	$8^{m}.43$	6	$0^{P}.840$	$8^{m}.42$	5
0.029	8.74	4	0.320	8.41	6	0.594	8.45	5	0.875	8.45	6
0.047	8.59	4	0.366	8.43	6	0.624	8.45	6	0.901	8.48	5
0.070	8.57	5	0.390	8.45	6	0.650	8.43	5	0.936	8.51	3
0.089	8.46	5	0.415	8.43	5	0.687	8.44	6	0.969	8.77	3
0.121	8.42	5	0.438	8.44	3	0.757	8.42	6	0.987	9.02	2
0.152	8.44	5	0.495	8.52	4	0.781	8.40	6	0.997	9.07	2
0.182	8.41	5	0.537	8.49	5	0.806	8.44	6			

Tabelle 159

	WACHMANN	RÜGEMER
Max. Helligkeit	$8^{m}.42$	$8^{m}.89$
Min. I „	9.07	9.48
Min. II „	8.52	—
Amplitude I	0.65	0.59
„ II	0.10	—
D	$0^{d}.30$	$0^{d}.28$
Spektrum	A2	

Ihr entnehmen wir die Daten der Tab. 159, denen zum Vergleich die entsprechenden Werte von RÜGEMER beigefügt wurden.

Nach RÜGEMER scheint ein Nebenminimum nicht vorhanden zu sein. Die vorliegenden Beobachtungen ergeben jedoch eindeutig ein solches mit einer Amplitude von $0^{m}.10$. Der Veränderliche gehört dem Algoltypus an.

55. BT Vul $20^{h}\,17^{m}\,1^{s}$ $+27°\,0'.8$ (1855.0) Sp. –

Tabelle 160

Vergleichsterne

Bez.	$\Delta\alpha\cos\delta$	$\Delta\delta$	m_{pg}
a	$-1'.3$	$-6'.0$	$11^{m}.48$
b	−7.5	+0.8	11.89
c	−4.4	−4.1	12.59
d	−5.9	+1.0	13.19

Dieser Bedeckungsveränderliche wurde von BELJAWSKY [Ver. v. Freund. Astron. Gorki. Veränd. Sterne 4.265 (1934)] entdeckt. Aus 4 angegebenen Minima leitet er eine wahrscheinliche Periode von $3^{d}.998$ ab. Dieser Periodenwert ist nicht möglich, wie sich aus 9 hier beobachteten Minima ergibt. Die richtigen Elemente lauten:

$$\text{Min.} = 242\,8484.230 + 1^{d}.141256 \cdot E$$
$$\pm 10 \qquad \pm 34$$

Tabelle 161

Beobachtete Minima

Min.	E	B—R	Min.	E	B—R
242 8009.471	−416	$+0^{d}.003$	242 8420.331	− 56	$+0^{d}.009$
8097.384	−339	+0.040	8484.225	0	−0.005
8098.460	−338	−0.026	8656.529	+151	−0.931
8308.488	−154	+0.011	8776.382	+256	−0.009
8332.467	−133	+0.024			

und stellen die beobachteten Minima, wie in der Tab. 161 angegeben, dar.

Die 4 von BELJAWSKY angegebenen Minima beziehen sich auf das Nebenminimum. Nach Reduktion auf einen Umlauf und Zusammenfassung der Einzelbeobachtungen zu Normalpunkten ergibt sich die mittlere Lichtkurve der Tab. 162.

Tabelle 162

Mittlere Lichtkurve

Phase	m_{pg}	n	Phase	m_{pg}	n	Phase	m_{pg}	n	Phase	m_{pg}	n
$0^{P}000$	$12^{m}55$	3	$0^{P}198$	$11^{m}83$	5	$0^{P}476$	$12^{m}14$	4	$0^{P}747$	$11^{m}79$	6
0.014	12.50	3	0.245	11.86	6	0.511	12.13	4	0.789	11.83	6
0.040	12.05	4	0.277	11.81	6	0.535	11.96	4	0.830	11.82	6
0.070	11.86	5	0.306	11.87	5	0.566	11.87	5	0.884	11.85	5
0.088	11.86	6	0.353	11.81	6	0.598	11.85	5	0.925	11.82	5
0.133	11.87	6	0.392	11.88	6	0.644	11.82	5	0.981	12.51	3
0.162	11.81	6	0.438	11.98	5	0.706	11.82	6			

Der mittleren Lichtkurve entnehmen wir die in Tab. 163 zusammengestellten Eigenheiten des Veränderlichen.

Das Nebenminimum liegt nicht symmetrisch zu den Hauptminima, sondern um $-0^{d}02$ dagegen verschoben.

Tabelle 163

Max. Helligkeit	$11^{m}83$	Amplitude I	$0^{m}72$
Min. I „	12.55	„ II	0.31
Min. II „	12.14	D	$0^{d}16$

56. **SVS 472 Cyg** $20^{h}\,18^{m}\,19^{s}$ $+32°\,40'.4$ (1855.0) Sp. –

Dieser Algolveränderliche wurde ebenfalls von Beljawsky aufgefunden (vgl. Nr. 55). Weitere Beobachtungen liegen nicht vor. Neben den beiden von Beljawsky angegebenen Minima konnten aus der vorliegenden Beobachtungsreihe noch 8 weitere in der Tab. 165 angegebene Minima bestimmt werden.

Tabelle 164

Vergleichsterne

Bez.	$\Delta\alpha\cos\delta$	$\Delta\delta$	m_{pg}
a	$+3'.0$	$-6'.1$	$12^{m}75$
b	$+0.5$	-0.1	13.08
c	-2.1	$+4.8$	13.47
d	$+1.3$	-1.1	14.20

Nach Ausgleichung finden sich die Elemente:

$$\text{Min.} = 242\,8774.409 + 0^{d}.7507753 \cdot E$$
$$\pm 6 \qquad\qquad \pm 40$$

mit der angegebenen Darstellung. Es war nicht möglich, die beiden Beljawskyschen Minima in befriedigender Weise zur Elementenbestimmung zu verwenden. Sie weichen im Mittel von den angeführten Elementen um $+0^{d}20$ ab. Die Elemente sind daher noch nicht als endgültig zu betrachten. Mit diesen Elementen wurde die mittlere Lichtkurve der Tab. 166 erhalten.

Tabelle 165

Beobachtete Minima

Min.	E	B—R	Min.	E	B—R
242 5530.302	−4321	$-0^{d}007$	242 8307.503	−542	$+0^{d}014$
8081.466	− 923	+0.023	8656.529	−157	−0.008
8121.241	− 870	+0.007	8774.394	0	−0.015
8337.461	− 582	+0.003	8783.405	+ 12	−0.013

Tabelle 166

Mittlere Lichtkurve

Phase	m_{pg}	n	Phase	m_{pg}	n	Phase	m_{pg}	n	Phase	m_{pg}	n
$0^{P}000$	$13^{m}33$	3	$0^{P}276$	$13^{m}08$	6	$0^{P}563$	$13^{m}04$	6	$0^{P}848$	$13^{m}04$	6
0.029	13.30	4	0.337	13.08	6	0.613	13.05	6	0.888	13.07	5
0.059	13.12	4	0.371	13.08	7	0.656	13.07	6	0.919	13.07	5
0.087	13.09	5	0.401	13.06	6	0.700	13.05	7	0.959	13.23	4
0.122	13.04	6	0.427	13.06	7	0.747	13.03	7	0.978	13.29	3
0.156	13.09	6	0.466	13.07	6	0.779	13.07	6			
0.213	13.08	6	0.501	13.08	5	0.816	13.06	6			

Der mittleren Lichtkurve entnehmen wir die in der Tab. 167 angeführten Eigenheiten des Veränderlichen. Ein Nebenminimum ist nicht vorhanden.

Tabelle 167

Max. Helligkeit	$13^{m}06$	Amplitude	$0^{m}27$
Min. „	13.33	D	$0^{d}12$

57. **Nova V 404 Cyg** $20^{h} 18^{m} 23^{s}$ $+33° 16'.1$ (1855.0) Sp. –

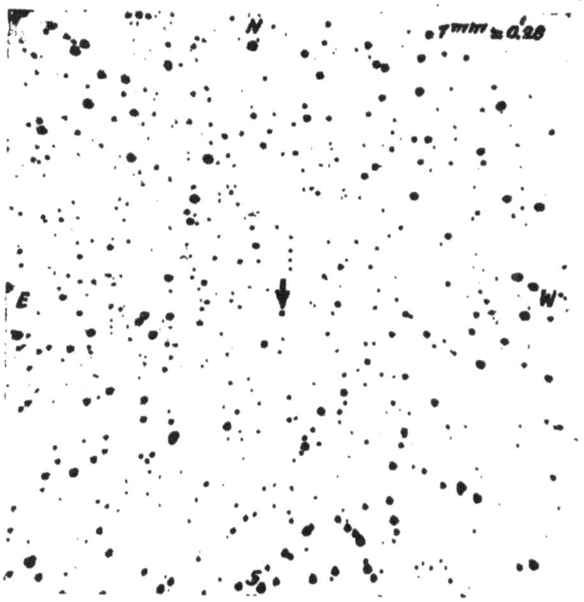

Abb. 4. Umgebungskarte der Nova

Tabelle 168

Vergleichsterne

Bez.	$\Delta\alpha \cos\delta$	$\Delta\delta$	m_{pg} (LA)	m_{pg} (SpT)
a	+10'.4	+0'.2	$12^{m}37$	
b	+ 5.2	−0.7	12.93	
c	+ 2.1	−4.5	13.18	
d	− 0.9	−5.2	13.38	
e	+ 4.4	0.0	13.65	
f	+ 1.1	+2.6	13.78	$13^{m}74$
g	− 2.3	+2.3	14.13	
h	− 2.2	+0.4		14.24
i	− 2.3	+1.8	14.5	14.37
k	+ 3.2	−0.4		14.77
l	+ 3.1	+1.2		14.95
m	+ 1.7	+2.0		15.65
n	+ 3.0	+0.4		15.89
o	− 1.6	+1.4		15.98
p	+ 1.2	+3.3		16.10
q	− 1.8	−0.8		16.11
r	+ 0.1	−1.5		16.32
s	+ 1.0	+2.0		16.44

Die Nova V 404 Cyg wurde von mir im Oktober 1938 aufgefunden und im Beob. Zirk. Astron. Nachr. **20**.59 (1938) angezeigt. Dort sind auch die ersten Helligkeitswerte mitgeteilt. In der Folge ist die Nova noch mehrfach von mir am Lippert-Astrographen (LA) und von W. Dieckvoss am 1 m-Spiegel (SpT) beobachtet worden. Andere Beobachtungen sind nicht bekannt geworden. Auf Grund von mehreren Übertragungen des Poles bzw. von Eichfeld 64 an beiden Instrumenten sind die in Tab. 168 gegebenen Vergleichsternhelligkeiten am Thermophotometer (SpT) und durch Skaleneinschätzungen am Hartmann-Photometer (LA) bestimmt worden. Insgesamt liegen die folgenden, in Tab. 169 zusammengestellten Helligkeiten der Nova vor:

Tabelle 169

Die Beobachtungen

JD	m_{pg}	Beob.	JD	m_{pg}	Beob.	JD	m_{pg}	Beob.
242 9170.44	$>16^{m}5$	LA	242 9216.25	$13^{m}60$	LA	242 9249.26	$15^{m}60$	SpT
9186.285	13.02	,,	9222.36	14.13	,,	9250.21	15.99	LA
9187.293	12.54	,,	9223.22	13.94	,,	.25	>15.9	,,
9189.28	12.65	,,	.31	14.10	,,	.32	15.59	SpT
9192.27	12.95	,,	9243.21	15.30	,,	9251.23	15.67	LA
.40	13.51	,,	.22	15.48	SpT	.25	15.32	SpT
9193.25	14.24	,,	.24	15.35	,,	.30	15.58	LA
.36	14.15	,,	.25	15.35	,,	9340.57	>17	SpT
9194.27	13.16	,,	9245.21	15.09	LA	9364.52	>17	,,
.42	13.44	,,	.23	14.75	SpT	9372.53	>18	,,
9195.27	12.82	,,	9249.21	15.44	,,	9492.41	>18	,,
35	13.09	,,	.21	15.58	LA	9493.42	>18.5	,,
43	13.35	,,	.25	15.51	,,			

134 Platten, die sich gleichmäßig über den Zeitraum 1935 Juli 25 bis 1938 September 28 verteilen, zeigen an dem angegebenen Ort keinen Stern heller als $16^{m}5$. Danach muß das Aufleuchten zwischen 1938 September 28 und 1938 Oktober 14 erfolgt sein; wegen der fehlenden Aufnahmen in dieser Zeit lassen sich das Maximum und die erreichte Maximalhelligkeit nicht genau angeben. Immerhin kann aus dem Verlauf der Lichtkurve angenommen werden, daß im Maximum die Nova nicht heller als 12^{m} gewesen ist. Gehört die Beobachtung 242 9186 dem aufsteigenden Ast an, was nicht unwahrscheinlich ist, so wäre die erreichte Maximalhelligkeit $12^{m}5$. Die letzte einstündige Aufnahme am Spiegelteleskop von W. Dieckvoss (242 9493) zeigt am Ort der Nova keinen Stern heller als $18^{m}5$; somit beträgt die Amplitude mehr als 6^{m}. Der absteigende Ast der Lichtkurve

weist unmittelbar nach dem Maximum beginnend die für eine Nova charakteristischen Schwankungen auf.

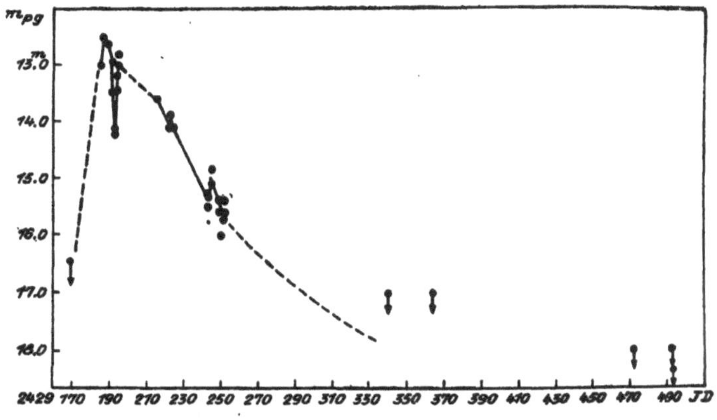

Abb. 5. Der Helligkeitsverlauf der Nova V 404 Cyg

58. **81.1939 Cyg** $20^h\ 19^m\ 4^s$ $+34°\ 29'.0$ (1855.0) Sp. –

81.1939 Cyg wurde als neuer Bedeckungsveränderlicher auf Bergedorfer Platten aufgefunden (vgl. Nr. 46). Durch die Reduktion der vorliegenden Platten konnten insgesamt 9 Minima festgelegt werden (Tab. 171).

Tabelle 170

Vergleichsterne

Bez.	$\Delta\alpha\cos\delta$	$\Delta\delta$	m_{pg}
a	−0′.4	−0′.1	11^m52
b	−6.1	+6.5	11.86
c	+4.0	−8.0	12.07
d	+0.5	−4.6	12.16
e	−2.8	−1.3	12.32
f	−5.9	−0.2	12.59
g	+5.6	−6.7	12.76
h	+8.6	−2.8	12.99
i	−4.7	+3.1	13.20
k	−4.3	+3.0	13.76

Tabelle 171

Beobachtete Minima

Min.	*E*	B—R	Min.	*E*	B—R
242 8164.304	−753	$+0^d023$	242 8635.612	−243	-0^d024
8307.518	−598	−0.018	8835.273	− 27	+0.005
8308.488	−597	+0.028	8860.223	0	+0.001
8332.467	−571	−0.023	9250.255	+422	+0.011
8419.370	−477	+0.003			

Nach Ausgleichung folgen daraus die Elemente:

$$\text{Min.} = 242\,8860.222 + 0^d\!.9242239 \cdot E$$
$$\pm 9 \qquad\qquad \pm 83$$

mit der in der Tab. 171 angegebenen Darstellung. Nach Reduktion auf einen Umlauf und Zusammenfassung benachbarter Beobachtungen wurde die mittlere Lichtkurve der Tab. 172 erhalten.

Tabelle 172

Mittlere Lichtkurve

Phase	m_{pg}	*n*	Phase	m_{pg}	*n*	Phase	m_{pg}	*n*	Phase	m_{pg}	*n*
0^P002	13^m37	2	0^P303	11^m87	5	0^P553	11^m95	5	0^P778	11^m86	6
0.019	13.14	3	0.357	11.88	5	0.569	11.91	5	0.803	11.94	6
0.036	12.64	4	0.387	11.92	5	0.601	11.91	6	0.826	11.88	5
0.058	12.33	3	0.412	11.92	6	0.637	11.90	5	0.882	11.90	5
0.109	12.01	5	0.440	11.97	5	0.684	11.88	6	0.915	12.05	4
0.157	11.89	5	0.465	11.95	6	0.720	11.89	6	0.951	12.34	3
0.209	11.92	5	0.497	12.00	5	0.748	11.87	5	0.975	12.97	4
0.253	11.90	5	0.522	11.98	5						

Tabelle 173

Max. Helligkeit	11^m88
Min. I „	13.37
Min. II „	12.00
Amplitude I	1.49
„ II	0.12
D	0^d27

Der mittleren Lichtkurve entnehmen wir die Daten, die in der Tab. 173 aufgeführt sind.

59. **BE Vul** $20^h\ 19^m\ 29^s$ $+26°\ 53'.9$ (1855.0) = BD + 26° 3896 (9.0) Sp. A2

BE Vul wurde 1933 von A. Beljawsky in Simeis als neuer Algolveränderlicher aufgefunden (vgl. Nr. 55). Aus 129 Ernostar-Platten mit zusammen 16 Minima leitet Rügemer [Astron. Nachr. **255**.181 (1935)] die Elemente ab:

$$\text{Min.} = 242\,5742.508 + 1^d\!.55205 \cdot E.$$

Diese Elemente stellen 9 von mir bestimmte Minima wie angegeben (Tab. 175) dar.

Tabelle 174

Vergleichsterne

Bez.	$\Delta\alpha\cos\delta$	$\Delta\delta$	m_{pg}	Sp.
a	−10′.6	+18′.2	9^m52	G2
b	− 3.5	+ 9.2	9.88	F3
c	− 0.1	+ 9.9	10.34	F7
d	− 5.3	+ 2.2	10.87	G7
e	− 3.4	+ 4.8	11.32	
f	− 2.2	+ 4.8	11.97	

Tabelle 175

Beobachtete Minima

Min.	E	B—R	Min.	E	B—R
242 8081.466	+1507	$+0^{d}.019$	242 8781.433	+1958	$+0^{d}.011$
8109.410	1525	+0.026	8840.411	1996	+0.011
8306.503	1652	+0.008	8865.230	2012	−0.003
8421.331	1726	−0.015	9194.266	2224	−0.001
8694.486	1902	−0.021			

Die Darstellung ist so gut, daß von einer Verbesserung der RÜGEMERschen Elemente abgesehen wurde. Nach Reduktion aller Beobachtungen auf einen Umlauf und Zusammenfassung in Phase benachbarter Beobachtungen folgt daraus die mittlere Lichtkurve der Tab. 176.

Tabelle 176

Mittlere Lichtkurve

Phase	m_{pg}	n	Phase	m_{pg}	n	Phase	m_{pg}	n	Phase	m_{pg}	n
$0^{P}.001$	$11^{m}.40$	3	$0^{P}.161$	$9^{m}.92$	6	$0^{P}.501$	$9^{m}.93$	6	$0^{P}.758$	$9^{m}.91$	5
0.011	11.25	4	0.216	9.92	4	0.541	9.96	6	0.798	9.90	4
0.035	10.52	4	0.278	9.95	6	0.593	9.92	6	0.860	9.88	4
0.052	10.24	5	0.309	9.96	4	0.633	9.93	6	0.923	10.00	3
0.082	9.99	5	0.361	9.96	6	0.666	9.92	6	0.946	10.36	3
0.111	9.89	4	0.432	9.91	5	0.714	9.92	5	0.966	10.60	3
0.140	9.90	5	0.499	9.94	5	0.734	9.93	5	0.988	11.28	2

Ihr entnehmen wir die Daten der Tab. 177.

Tabelle 177

	WACHMANN	RÜGEMER
Max. Helligkeit	$9^{m}.92$	$8^{m}.8$
Min. „	11.40	10.1
Amplitude	1.48	1.3
D	$0^{d}.34$	$0^{d}.24$
d	0.00	0.06
Spektrum	A 2	

Kein Nebenminimum vorhanden

Zum Vergleich sind die entsprechenden Werte von RÜGEMER hinzugefügt. Die von ihm angegebenen Helligkeiten weichen im Mittel um $-1^{m}.2$ von den von mir bestimmten ab. Da RÜGEMER die Vergleichsternhelligkeiten von BELJAWSKY benutzt, welche nur auf rohen Schätzungen beruhen, sind diese wohl um den Betrag $+1^{m}.2$ zu verbessern.

Außerhalb der Bedeckung verläuft der Lichtwechsel nicht ganz konstant. Kurz vor und nach der Bedeckung ($\sim 0^{P}.1$) liegt die maximale Helligkeit um $0^{m}.04$ höher.

Tabelle 178

Vergleichsterne

Bez.	$\Delta\alpha\cos\delta$	$\Delta\delta$	m_{pg}
a	$+2'.9$	$+10'.2$	$12^{m}.39$
b	−4.3	+ 3.9	12.70
c	−5.0	− 2.9	13.05
d	−0.8	− 3.7	13.59
e	−3.3	− 2.4	13.82

60. **SVS 477 Cyg** $20^{h}\,20^{m}\,26^{s}$ $+33°\,38'.3$ (1855.0) Sp. –

Dieser Veränderliche wurde von BELJAWSKY (vgl. Nr. 55) aufgefunden. Außer der Angabe der Amplitude $12^{m}.5$ bis $13^{m}.5$ ist nichts über die Art und die Periode des Lichtwechsels bekannt geworden.

Durch die vorliegenden Beobachtungen wurden insgesamt 14 Minima (Tab. 179) erfaßt.

Tabelle 179

Beobachtete Minima

Min.	E	B—R	Min.	E	B—R	Min.	E	B—R
242 5530.321	−919	$0^{d}.000$	242 8308.488	+ 71	$-0^{d}.043$	242 8847.327	+263	$-0^{d}.009$
6178.504	−688	−0.064	8367.503	+ 92	+0.040	9192.396	+386	−0.111
8095.329	− 5	+0.074	8426.367	+113	−0.028	9195.351	+387	+0.037
8109.328	0	+0.042	8656.529	+195	+0.020	9223.313	+397	−0.063
8280.554	+ 61	+0.085	8774.394	+237	+0.021			

Daraus sind die folgenden Elemente des Veränderlichen bestimmt worden:

$$\text{Min.} = 242\,8109.286 + 2^{d}.806273 \cdot E$$
$$\pm 16 \qquad\qquad \pm 42$$

mit der in Tab. 179 angeführten Darstellung der beobachteten Minima. Es handelt sich um einen typischen Vertreter der Algolklasse. Aus den Beobachtungen wurde die in Tab. 180 angegebene mittlere Lichtkurve abgeleitet.

Tabelle 180

Mittlere Lichtkurve

Phase	m_{pg}	n	Phase	m_{pg}	n	Phase	m_{pg}	n	Phase	m_{pg}	n
$0^{\mathrm{p}}.007$	$13^{\mathrm{m}}.44$	2	$0^{\mathrm{p}}.259$	$12^{\mathrm{m}}.66$	5	$0^{\mathrm{p}}.528$	$12^{\mathrm{m}}.89$	4	$0^{\mathrm{p}}.800$	$12^{\mathrm{m}}.61$	5
0.014	13.54	3	0.294	12.66	5	0.549	12.71	4	0.862	12.68	4
0.033	13.39	5	0.321	12.61	6	0.576	12.67	5	0.906	12.65	3
0.053	13.25	3	0.358	12.69	6	0.597	12.67	5	0.928	12.93	3
0.080	12.86	4	0.381	12.66	5	0.616	12.66	5	0.953	13.20	3
0.122	12.67	4	0.420	12.69	5	0.636	12.66	6	0.983	13.44	3
0.147	12.65	5	0.451	12.80	4	0.662	12.64	6	0.993	13.52	3
0.190	12.65	4	0.475	12.95	3	0.701	12.65	5			
0.214	12.66	4	0.493	13.07	3	0.750	12.64	5			

Aus der mittleren Lichtkurve lesen wir für den Veränderlichen die folgenden Daten der Tab. 181 ab:

Tabelle 181

Max. Helligkeit	$12^{\mathrm{m}}.65$
Min. I „	13.52
Min. II „	13.07
Amplitude I	0.87
„ II	0.42
D	$0^{\mathrm{d}}.56$
d	0.06

61. **V 442 Cyg** $20^{\mathrm{h}}\,21^{\mathrm{m}}\,59^{\mathrm{s}}$ $+30°\,18'.8$ (1855.0) Sp. F 4

82.1939 Cyg wurde hier aufgefunden und im Beob. Zirk. Astron. Nachr. **22.**14 (1940) als neuer Bedeckungsveränderlicher angezeigt. Auf Grund visueller Beobachtungen gibt LORETA im Beob. Zirk. Astron. Nachr. **22.**84 (1940) die ersten Elemente:

$$\text{Min.} = 242\,9877.418 + 1^{\mathrm{d}}.912 \cdot E\,.$$

und die visuellen Helligkeitsgrenzen $9^{\mathrm{m}}.3$ bis $9^{\mathrm{m}}.8$. Auf den vorliegenden Platten konnten insgesamt 14 Minima (Tab. 183) festgelegt werden.

Tabelle 182

Vergleichsterne

Bez.	BD	m_{pg}	Sp.
a	$+30°$ 4024 ($9^{\mathrm{m}}.0$)	$9^{\mathrm{m}}.89$	F 3
b	+29 4040 (9.4)	10.11	F 5
c	+30 4031 (9.5)	10.39	F 5
d	$-7'.7 - 1'.4$	10.73	A 0

Tabelle 183

Beobachtete Minima

Min.	E	B—R	Min.	E	B—R
242 8096.277	0	$+0^{\mathrm{d}}.006$	242 8449.363	+296	$-0^{\mathrm{d}}.022$
8097.444	+ 1	−0.020	8783.405	576	−0.006
8109.410	11	+0.017	8784.573	577	−0.031
8164.304	57	+0.035	8814.393	602	−0.035
8332.467	198	−0.008	9135.374	871	+0.042
8338.452	203	+0.012	9160.369	892	−0.015
8424.332	+275	−0.001	9166.374	+897	+0.025

Daraus ergeben sich die neuen Elemente:

$$\text{Min.} = \underset{\pm 10}{242\,8096.271} + \underset{\pm 20}{1^{\mathrm{d}}.192952} \cdot E\,.$$

Die Nullepoche von LORETA wird damit wie folgt dargestellt: $B-R = +0^{\mathrm{d}}.070$. Nach Reduktion auf einen Umlauf ergibt sich die mittlere Lichtkurve der Tab. 184.

Tabelle 184

Mittlere Lichtkurve

Phase	m_{pg}	n	Phase	m_{pg}	n	Phase	m_{pg}	n	Phase	m_{pg}	n
$0^{\mathrm{p}}.000$	$10^{\mathrm{m}}.38$	3	$0^{\mathrm{p}}.257$	$10^{\mathrm{m}}.01$	7	$0^{\mathrm{p}}.543$	$10^{\mathrm{m}}.00$	6	$0^{\mathrm{p}}.853$	$10^{\mathrm{m}}.00$	6
0.015	10.33	3	0.316	10.01	6	0.582	10.00	6	0.897	10.01	5
0.032	10.20	3	0.347	10.02	6	0.632	10.00	6	0.928	10.05	5
0.066	10.09	5	0.394	10.01	6	0.668	10.00	8	0.945	10.06	3
0.101	10.02	6	0.441	10.01	6	0.726	10.02	7	0.975	10.28	3
0.150	10.02	7	0.473	10.00	6	0.767	10.03	7	0.988	10.32	3
0.210	10.01	6	0.497	10.00	6	0.825	10.00	7			

Tabelle 185

Max. Helligkeit	$10^{\mathrm{m}}.01$
Min. „	10.38
Amplitude	0.37
D	$0^{\mathrm{d}}.19$

Der mittleren Lichtkurve entnehmen wir die Daten der Tab. 185.

Der Veränderliche gehört dem Algoltypus an. Ein Nebenminimum ist nicht vorhanden.

62. **SVS 308 Cyg** $20^h\,22^m\,24^s$ $+32°\,25'.8$ (1855.0) Sp. –

Dieser Stern wurde von BELJAWSKY [Ver. v. Freund.Astron. Gorki. Veränd. Sterne 4.23 (1932)] als neuer Veränderlicher angezeigt mit einer photographischen Amplitude von $14^m.3$ bis $14^m.9$. Weitere Beobachtungen liegen bisher nicht vor. Die vorliegende Beobachtungsreihe bestätigt die Veränderlichkeit und macht die Zugehörigkeit zur Klasse der Bedeckungsveränderlichen vom β Lyrae-Typus wahrscheinlich. Eine alle Beobachtungen befriedigend darstellende Periode konnte jedoch nicht gefunden werden. Schwach wurde der Veränderliche zu folgenden Zeiten gefunden:

Tabelle 186
Vergleichsterne

Bez.	$\Delta\alpha\cos\delta$	$\Delta\delta$	m_{pg}
a	$-3'.3$	$-2'.5$	$13^m.78$
b	-2.3	-0.3	14.29
c	$+3.8$	-4.0	14.52

Tabelle 187
Beobachtete Minima

242 8097.384	242 8427.421	242 9143.612	242 9251.226
8109.328	8635.612	9170.361	9516.416
8338.452	8777.354	9194.266	243 0315.287
8423.332	8860.335	9216.249	
8426.367	9017.533	9223.313	

Die beiden letzten Minima wurden von mir auf Sonneberger Platten festgestellt. Amplitude: $0^m.47$ ($14^m.03$ bis $14^m.50$).

63. **V 383 Cyg** $20^h\,23^m\,17^s$ $+33°\,39'.3$ (1855.0) Sp. –

V 383 Cyg wurde von BELJAWSKY aufgefunden (vgl. Nr. 55). Erste Elemente dieses δ Cephei-Sternes stammen von ZONN [Beob. Zirk. Astron. Nachr. 18.2 (1936)], wurden aber später [Bull. l'Obs. Astron. Wilno 17 (1936)] von ihm auf Grund eines umfangreicheren Beobachtungsmaterials durch die folgenden ersetzt:

$$\text{Max.} = 242\,5149.670 + 4^d.61184 \cdot E \qquad (M-m)/P = 0.40.$$

Tabelle 188
Vergleichsterne

Bez.	$\Delta\alpha\cos\delta$	$\Delta\delta$	m_{pg} (Wa)	m_{pg} (Zo)	Δm
a	$-0'.9$	$+2'.2$	$11^m.99$	—	—
b	$+6.0$	-5.8	12.27	$12^m.00$	$+0^m.27$
c	$+3.7$	-1.5	12.60	12.63	-0.03
d	$+0.1$	$+1.4$	13.14	12.97	$+0.17$
e	$+1.6$	-1.2	13.50	13.57	-0.07

Der vorliegende Beobachtungszeitraum wurde in 4 Zeitabschnitte eingeteilt und für diese mit Hilfe der ZONNschen Periode Normalmaxima gebildet.

Nach Ausgleichung finden sich die neuen Elemente:

$$\text{Max.} = 242\,5149.623 + 4^d.6122211 \cdot E$$
$$\pm 50 \qquad \pm 80$$

mit der obigen Darstellung und der folgenden mittleren Lichtkurve (Tab. 190):

Tabelle 189
Normalmaxima

Normalmax.	Beob.	*E*	B—R
242 5154.282	ZONN	+ 1	$+0^d.04$
6141.216	„	+215	-0.03
8087.552	WACHMANN	+637	-0.05
8382.720	„	+701	-0.06
8710.300	„	+772	$+0.05$
9180.748	„	+874	$+0.05$

Tabelle 190
Mittlere Lichtkurve

Phase	m_{pg}	*n*	Phase	m_{pg}	*n*	Phase	m_{pg}	*n*	Phase	m_{pg}	*n*
$0^P.00$	$12^m.21$	4	$0^P.26$	$12^m.68$	6	$0^P.58$	$13^m.23$	7	$0^P.86$	$12^m.59$	5
0.05	12.25	4	0.33	12.89	6	0.61	13.23	6	0.87	12.45	4
0.08	12.27	4	0.36	13.00	6	0.66	13.26	6	0.89	12.41	5
0.11	12.37	6	0.43	13.17	6	0.69	13.28	6	0.92	12.35	4
0.13	12.38	6	0.48	13.19	6	0.71	13.25	6	0.95	12.26	5
0.17	12.45	6	0.53	13.21	6	0.76	13.19	6			
0.21	12.48	6	0.56	13.22	7	0.82	12.80	4			

Der mittleren Lichtkurve entnehmen wir die folgenden Eigenheiten des Veränderlichen (Tab. 191).

Zum Vergleich sind die entsprechenden Werte von BELJAWSKY und ZONN aufgeführt. Die Übereinstimmung ist befriedigend. Kurz vor dem eigentlichen Minimum tritt eine sekundäre Welle auf, die wohl die Ursache für den etwas abweichenden Wert $(M-m)/P$ von ZONN bildet. Der anfangs sehr steile Anstieg von Minimum zum Maximum geht etwa $0^P.15$ vor dem Maximum in eine langsame Zunahme über, so daß das Maximum breit und relativ flach verläuft. Von dieser Phase ab bis zur entsprechenden Phase des Lichtabstieges ist die Lichtkurve symmetrisch zur Phase $0^P.0$.

Tabelle 191

	WACHMANN	BELJAWSKY	ZONN
Max. Helligkeit	$12^m.21$	$12^m.2$	$12^m.25$
Min. „	13.27	13.5	13.25
Amplitude	1.06	1.3	1.00
$M-m)/P$	0.32	—	0.40

64. **V 388 Cyg** $20^h\,23^m\,21^s$ $+30°\,54'.6$ (1855.0) Sp. A3

Dieser Veränderliche vom Typus β Lyrae wurde von MORGENROTH [Astron. Nachr. **255**.425 (1935)] aufgefunden. Erste Elemente stammen von PIEGZA [Acta Astron. Serie c 3.30 (1936)] und von KWIEK [Beob. Zirk. Astron. Nachr. **18**.61 (1936)].

$$\text{Min.} = 242\,8070.302 + 0^d.859045 \cdot E \quad (\text{PIEGZA})$$
$$= \quad 8404.464 + 0.859047 \cdot E \quad (\text{KWIEK})$$

Die letzteren wurden aus 181 visuellen Beobachtungen in dem Zeitraum 1935 Juli bis 1936 August abgeleitet. Mittels der Elemente von KWIEK wurden aus den vorliegenden Beobachtungen 5 Normalminima gebildet. Diese ergeben in Verbindung mit den beiden obigen Nullepochen durch Ausgleichung die neuen verbesserten Elemente:

Tabelle 192
Vergleichsterne

Bez.	$\Delta\alpha\cos\delta$	$\Delta\delta$	m_{pg}	Sp.
a	− 5′.7	−11′.9	9m16	A0
b	− 8.2	− 5.1	9.73	A7
c	− 6.6	+ 0.8	10.27	A5:
d	−11.4	+ 7.7	10.41	A0
e	− 6.7	+ 3.8	11.11	A0:

$$\text{Min.} = 242\,8070.290 + 0^d.8590482 \cdot E$$
$$\pm 9 \qquad\qquad \pm 50$$

mit der in der Tab. 193 angeführten Darstellung der Normalminima.

Tabelle 193
Normalminima

Normalmin.	Beob.	*E*	B—R
242 8070.302	PIEGZA	0	+0d012
8094.347	WACHMANN	+ 28	+0.004
8337.442	,,	+ 311	−0.012
8404.464	KWIEK	+ 389	+0.004
8429.345	WACHMANN	+ 418	−0.027
8813.371	,,	+ 865	+0.004
9216.267	,,	+1334	−0.007

Nach Reduktion auf einen Umlauf und Zusammenfassung ergab sich die folgende mittlere Lichtkurve der Tab. 194.

Tabelle 194
Mittlere Lichtkurve

Phase	m_{pg}	*n*	Phase	m_{pg}	*n*	Phase	m_{pg}	*n*	Phase	m_{pg}	*n*
0P006	10m34	3	0P307	9m58	7	0P541	9m82	5	0P856	9m72	8
0.038	10.29	3	0.341	9.68	6	0.562	9.80	6	0.916	9.93	4
0.078	10.04	3	0.364	9.68	6	0.594	9.79	6	0.940	10.00	4
0.096	9.94	3	0.381	9.64	6	0.641	9.72	6	0.969	10.26	4
0.117	9.86	4	0.425	9.78	7	0.690	9.67	6	0.982	10.25	4
0.149	9.74	5	0.468	9.84	6	0.735	9.67	5			
0.206	9.65	6	0.496	9.83	4	0.781	9.57	6			
0.269	9.61	6	0.524	9.88	4	0.815	9.61	6			

Damit ergeben sich die Daten der Tab. 195.

Tabelle 195

Max. Helligkeit	9m60
Min. I ,,	10.34
Min. II ,,	9.85
Amplitude I	0.74
,, II	0.25

Das Spektrum wurde zu A3 geschätzt.

65. **83.1939 Cyg** $20^h\,23^m\,42^s$ $+32°\,18'.9$ (1855.0) Sp. –

83.1939 Cyg wurde hier aufgefunden (vgl. Nr. 61). Wie sich nach der Bearbeitung der gesamten vorliegenden Beobachtungen ergab, handelt es sich um einen Bedeckungsveränderlichen vom Typus β Lyrae.

Insgesamt wurden 15 in der nachstehenden Tab. 197 aufgeführte Minima durch die vorliegende Reihe erfaßt.

Tabelle 196
Vergleichsterne

Bez.	$\Delta\alpha\cos\delta$	$\Delta\delta$	m_{pg}
a	+ 8′.7	+ 4′.7	11m41
b	−20.5	+22.3	11.58
c	−18.6	+24.6	11.71
d	−15.8	+13.6	11.93
e	−17.6	− 0.3	12.13
f	− 3.8	− 6.7	12.28
g	+ 6.1	−10.5	12.51
h	+ 0.4	− 1.4	12.93

Tabelle 197
Beobachtete Minima

Min.	*E*	B—R	Min.	*E*	B—R
242 8097.444	− 3	+0d016	242 8859.216	+1138	−0d018
8099.441	0	+0.010	8865.230	+1147	−0.013
8247.654	+ 222	+0.001	9160.369	+1589	+0.018
8336.454	+ 355	+0.002	9166.374	+1598	+0.014
8338.452	+ 358	−0.003	9170.361	+1604	−0.005
8366.470	+ 400	−0.027	9192.396	+1637	−0.003
8784.470	+1026	+0.015	9194.416	+1640	+0.014
8806.476	+1059	−0.012			

Durch Ausgleichung folgen daraus die Elemente:

$$\text{Min.} = 242\,8099.431 + 0^d.6676652 \cdot E$$
$$\pm 7 \qquad\qquad \pm 62$$

und die nachstehende mittlere Lichtkurve:

Tabelle 198

Mittlere Lichtkurve

Phase	m_{pg}	n	Phase	m_{pg}	n	Phase	m_{pg}	n	Phase	m_{pg}	n
$0^{P}000$	$12^{m}35$	3	$0^{P}180$	$11^{m}67$	5	$0^{P}503$	$11^{m}97$	4	$0^{P}814$	$11^{m}70$	5
0.019	12.31	3	0.221	11.68	4	0.543	11.88	4	0.849	11.75	5
0.026	12.27	4	0.251	11.70	4	0.562	11.82	3	0.873	11.82	3
0.073	12.03	3	0.279	11.69	4	0.612	11.79	5	0.912	11.97	3
0.093	11.88	4	0.317	11.71	5	0.640	11.77	5	0.931	12.10	4
0.109	11.85	4	0.341	11.76	4	0.666	11.72	5	0.939	12.17	3
0.123	11.81	4	0.378	11.75	5	0.710	11.69	4	0.963	12.31	3
0.132	11.71	4	0.411	11.88	5	0.743	11.70	5	0.975	12.33	3
0.151	11.71	5	0.452	11.91	5	0.775	11.68	5	0.985	12.35	3

Aus der mittleren Lichtkurve lesen wir die folgenden Daten für den Veränderlichen ab (Tab. 199):

Tabelle 199

Max. Helligkeit	$11^{m}68$
Min. I „	12.35
Min. II „	11.97
Amplitude I	0.67
„ II	0.29

66. **AD Cyg** $20^{h}\,27^{m}\,49^{s}$ $+32°\,4'.6$ (1855.0) Sp. S

Dieser dem Spektraltyp S angehörende Veränderliche hebt sich infolge der dadurch bedingten verwaschenen Bildform so sehr von den Vergleichsternen ab, daß zuverlässige Schätzungen nicht möglich sind. Der Veränderliche schied daher von der Bearbeitung aus.

67. **AI Cyg** $20^{h}\,25^{m}\,57^{s}$ $+32°\,2'.0$ (1855.0) Sp. M4

Aus seinen visuellen Beobachtungen leitet ENEBO [siehe Gesch. u. Lit. d. Lichtw. veränd. Sterne, II. Ausg. **2**.28 (1936)] eine Periode des Lichtwechsels von 140^{d} ab. Nach LUDENDORFF [Astron. Nachr. **220**.244 (1924)] handelt es sich aber um einen unregelmäßigen Veränderlichen der Spektralklasse M4.

Tabelle 200

Vergleichsterne

Bez.	$\Delta\alpha\cos\delta$	$\Delta\delta$	m_{pg}
a	$-39'.5$	$+26'.7$	$9^{m}69$
b	$-$ 8.9	+18.2	10.08
c	+ 6.6	+ 1.0	10.41
d	$-$ 0.3	+ 6.7	10.72
e	$-$ 3.3	+ 4.3	11.10
f	+11.8	$-$ 2.6	11.30
g	+12.4	$-$ 4.2	11.54

Wie aus der graphischen Aufzeichnung der Beobachtungen hervorgeht, sind diese mit der von ENEBO angegebenen Periode unvereinbar. Der Lichtwechsel ist völlig regellos in den Grenzen $10^{m}0$ und $11^{m}4$. Nach einem etwas unsicheren Maximum bei 2428060 fällt die Helligkeit langsam unter $0^{m}3$ nicht überschreitenden Schwankungen bis zu dem Minimum bei 2428510 ab. Dann erfolgt ein relativ steiler Anstieg zum Maximum 2428540: ($10^{m}6$). Ab 2428640 setzt ein langsamer Anstieg von $11^{m}0$ bis zur Größe $10^{m}6$ (2428860) ein, dem durch eine Beobachtungslücke unterbrochen ein Minimum bei 2429017 ($11^{m}3$) folgt. Hierauf steigt die Helligkeit innerhalb von 56^{d} wiederum auf $10^{m}1$ an (2429073) mit nachfolgendem Minimum ($10^{m}7$) von 2429130 bis 9190. Dann erfolgt ein weiterer etwas weniger steiler Anstieg auf $10^{m}0$ (2429250).

68. **V 397 Cyg** $20^{h}\,26^{m}\,35^{s}$ $+34°\,58'.0$ (1855.0) Sp. –

Dieser Veränderliche wurde von BELJAWSKY (vgl. Nr. 55) aufgefunden. Nach ihm handelt es sich um einen langperiodisch unregelmäßigen Stern mit den Helligkeitsgrenzen $12^{m}3$ und $13^{m}7$. ZONN [Bull. l'Obs. Astron. Wilno **17** (1936)] hat den Stern auf 105 Platten geschätzt und findet ausgesprochen langperiodisch unregelmäßige Veränderlichkeit. Nur 2425125 bis 5242 findet er einen Lichtanstieg auf $12^{m}3$, ansonsten ist der Stern von 2425870 bis 5920 und 6090 bis 6270 nahe $13^{m}0$ mit Schwankungen von $0^{m}4$. Auch während des von mir beobachteten Zeitraumes verläuft der Lichtwechsel im allgemeinen langsam in flachen Wellen mit einer $0^{m}6$ nicht überschreitenden Amplitude. Nur bei 2429200 ist ein etwas kräftigeres Maximum ($12^{m}8$) ausgeprägt. Die mittlere Helligkeit beträgt in dem beobachteten Zeitraum in Übereinstimmung mit ZONN $13^{m}0$.

Tabelle 201

Vergleichsterne

Bez.	$\Delta\alpha\cos\delta$	$\Delta\delta$	m_{pg} (WA)	m_{pg} (ZONN)	Δ(WA-Zo)
a	$+4'.0$	$-1'.6$	$12^{m}31$	$12^{m}00$	$+^{m}31$
b	-1.2	+1.7	12.92	12,85	+.07
c	-2.2	-2.9	13.22	13.40	$-$.18
d	-2.9	+3.3	13.90	13.80	+.10

FSC
www.fsc.org
MIX
Papier | Fördert gute Waldnutzung
FSC® C083411

Kolibri 360 GmbH
Ferdinand-Jühlke-Straße 7
99095 Erfurt, Deutschland
produktsicherheit@kolibri360.de